山东珍稀濒危保护树种

李文清　臧德奎　解孝满 等　著

科学出版社

北京

内 容 简 介

本书系统记载了78种山东珍稀濒危树种。其中，国家级保护树种15种，山东省特有树种13种，山东省珍贵稀有树种50种。详细记录了每个树种的形态特征、分布地点、生境和资源现状等，分析了其保护价值和致危因素，提出了保护措施。

本书是第一部全面论述山东珍稀濒危树种的著作，可供全省林业及野生植物保护、自然保护区工作者使用，也可为政府相关法规、制度的建设提供科学依据。

图书在版编目（CIP）数据

山东珍稀濒危保护树种 / 李文清等著. —北京：科学出版社，2016.8
ISBN 978-7-03-049630-0

Ⅰ. ①山… Ⅱ. ①李… Ⅲ. ①珍贵树种 - 山东 Ⅳ. ① S79

中国版本图书馆 CIP 数据核字（2016）第200681号

责任编辑：张会格 韩学哲 侯彩霞 / 责任校对：桂伟利
责任印制：肖 兴 / 封面设计：金舵手世纪

科学出版社 出版
北京东黄城根北街16号
邮政编码：100717
http://www.sciencep.com
中国科学院印刷厂 印刷
科学出版社发行 各地新华书店经销

＊

2016 年 8 月第 一 版 开本：889×1194 1/16
2016 年 8 月第一次印刷 印张：6 1/4
字数：190 000
定价：98.00 元
（如有印装质量问题，我社负责调换）

山东珍稀濒危保护树种

作 者 名 单

著　者：李文清　臧德奎　解孝满

参　编：仝伯强　吴府胜　刘　丹

　　　　丁　平　刘　鹛　杨海平

摄　影：臧德奎　吴府胜　刘　丹

前　言
PREFACE

　　为了查明山东省林木资源本底资料，山东省林业厅于2011~2014年开展了全省林木种质资源调查研究工作。参加本项工作的主要有山东省林木种质资源中心、山东农业大学、山东师范大学等相关高校，以及各地林业局。就珍稀濒危树种而言，调查范围涵盖了山东省的主要山区和自然保护区，重点调查区域有崂山、泰山、蒙山、昆嵛山、沂山、抱犊崮、五莲山、仰天山、黄河三角洲地区等。项目进展顺利，收获颇丰，顺利完成了预定目标。

　　本书是对山东珍稀濒危树种调查结果的系统整理和记载。本书分为总论和各论两部分。总论包括山东自然地理概况和山东珍稀濒危树种概况两部分，介绍了山东省的地理位置、地形地貌、土壤、河流水文、气象和植被情况，以及山东珍稀濒危树种的种类及省内分布情况。各论共收录树种78种，分属于34科54属，其中国家级保护树种15种、山东省特有树种13种、山东省珍贵稀有树种50种。每个树种按照别名、科属、形态概要、生境分布、保护价值、致危分析、保护措施等内容编排，绘制了分布图，并附有400多幅精美的彩色图片。根据调查结果，目前尚有北京小檗、山东柳、蒙山柳3个树种在山东的分布情况不明，有些可能在山东地区已经消失，有些可能因数量极少，错过花果期而无法确证，这些树种将是我们后期调查的重点。

　　本书的研究成果，为山东省林木资源保护工作提供了详实资料，为政府相关法规、制度的建设提供了科学依据。本书的编写和出版，得到了山东省林业厅（山东省林木种质资源调查项目）及山东省农业良种工程重大课题"林木种质资源收集保护与评价"（鲁农良字〔2010〕6号）资助。

　　由于时间紧、工作量大及水平有限，调查结论如有不足之处，敬请读者批评指正。

著　者

2015 年 10 月

目 录

CONTENTS

总 论

一、山东自然地理概况

（一）地理位置

山东位于我国东部沿海、黄河下游的暖温带区域，地理位置在北纬 34°22′～38°23′、东经 114°47′～122°43′，南北最长约 420 km，东西最宽约 700 km。境域包括半岛和内陆两部分，半岛部分突于渤海与黄海之间，隔渤海海峡与辽东半岛遥望，东与日本、朝鲜半岛隔海相望，全省海岸线长 3120.9 km；内陆部分自北向南与河北、河南、安徽、江苏接壤。总面积 157 100 km²。

（二）地形地貌

山东省地貌由山地、丘陵和平原三部分组成，中部山地突起，东部丘陵起伏和缓，西南、西北低洼平坦，全省呈以山地、丘陵为骨架，平原盆地交错环列其间的地形地貌特点。在主要地貌类型中，中山、低山面积占全省面积的 11.4%，丘陵面积占全省面积的 24.0%，沿海台地和山间小型盆地占 4.7%，山间山前平原占 27.9%，黄河冲积扇、泛滥平原和黄河三角洲占 32.0%。山地丘陵孤立于华北平原东部边缘，除泰山、鲁山、沂山、崂山等海拔超过 1000 m 外，大部分山地起伏较小，坡度多在 20° 以下；山地丘陵区谷地开阔，山间盆地和河谷平原面积较大，地表排水较好，土层厚度为 1～3 m。黄河冲积平原平坦无垠，河滩高地与河间洼地纵横交错，盐碱涝洼地较多。山东海岸线长而曲折，除黄河三角洲和莱州湾是泥质海岸外，大部分为岩石侵蚀海岸。近海海域中散布着 299 个岛屿，其中最大的是庙岛群岛中的南长山岛，面积 12 km²。

山东省地势以海拔 0～50 m 的平原占优势，占全省总面积的 50.3%，海拔 100 m 以上的山地丘陵占 38.3%。根据区域地质构造、地貌成因和形态特征及区域分布的完整性，全省分为鲁西北平原区、鲁中南山地丘陵区和鲁东丘陵区三个一级地貌区。鲁中南山地丘陵为全省最高处，以泰山沂山地为中心，向四周地势逐渐降低，最高峰泰山海拔 1532.7 m，与鲁山、沂山构成鲁中山地的主体，其主脊形成一条东西向的分水岭。鲁东丘陵区地貌分为三部分：北部和南部是丘陵，中部是盆地。鲁西北平原是以黄河为主的冲积作用下形成的广阔平原，区内绝大部分海拔在 50 m 以下，总的地势自西南向东北缓倾。

（三）土壤

根据土壤发生学分类原则，山东土壤分为 6 个土纲、9 个亚纲、15 个土类、37 个亚类。受气候、地形、水文、地质等条件和人为活动的影响，棕壤和褐土的分布呈现出一定的规律性。鲁东丘陵区、鲁中南山地丘陵区和东南沿海为棕壤的集中分布区。鲁东丘陵区北部丘陵坡麓和中部莱阳盆地有小面积褐土分布。鲁中南山地丘陵区中南部，棕壤和褐土呈复区分布。鲁西北黄河冲积平原区，多为黄河冲积物发育的潮土所覆盖，局部与盐土成复区分布。

（四）河流水文

山东省的河流分属黄河、海河、淮河三大流域，河网比较发达，全省平均河网密度为 0.24 km/km²。

长度在 50 km 以上的河流有 1000 多条，除黄河和大运河以外，长度在 100～500 km 的河流有 15 条。黄河自东明县入境，经垦利入渤海，流程 617 km。黄河以北，与黄河平行入渤海的有徒骇河和马颊河，流域面积分别为 13 638 km² 和 8439 km²。黄河以南，济南以东，有发源于济南的小清河及支脉新河等，与黄河平行流入莱州湾；黄河以南，大运河以西，以洙赵新河、东鱼河为主，构成东流注入南四湖及大运河的平行分布的不对称羽状水系。鲁中南山地丘陵区，主要有沂河、沭河、汶河、泗河、淄河等河流，发源于中部山区，呈辐射状，由中心向四周分流。沂河、沭河在江苏入黄海，在山东省内长度分别为 287.5 km 和 263 km；大汶河自东向西流经东平湖入黄河，流长 208 km。胶东半岛的河流，多发源于艾山、牙山、昆嵛山等横贯半岛的山脉，大多是流程短、独流入海的边缘水系，河床比降大，具有源短流急、暴涨暴落、洪枯悬殊的特点。

（五）气象

山东省气候属于暖温带大陆性季风气候，气候温和，光照充足，热量丰富，四季分明，雨量集中。夏季降水量集中，冬季寒冷干燥，春季雨量少、风沙大，秋季晴朗少雨、冷暖适宜。全省平均气温 11.0～14.0℃，极端最低气温−20～−11℃，极端最高气温 36～43℃。全省日平均气温大于 0℃的积温，大部分为 4200～5000℃，日平均气温大于 10℃的稳定积温为 3600～4700℃。全省无霜期一般 180～220 d，年平均日照时数为 2300～2900 h，年日照百分率 52%～65%。

据资料统计，山东省全年的平均降水量多为 550～950 mm，由东南向西北递减。半岛南部、鲁东南沿海和鲁中南南部最多，为 800～900 mm；黄河三角洲、鲁西北最少，仅为 550 mm 左右。山东省大部分地区年平均蒸发量为 1500～2000 mm，高于年平均降水量。其中，鲁西北平原和济南地区蒸发量一般是降水量的 3 倍，东南沿海年均蒸发量在 1800 mm 以下。

（六）植被

根据《中国植被》（吴征镒，1980）中的划分，山东省属于暖温带落叶阔叶林区域，地带性植被是落叶阔叶林，植被类型多样。组成山东植被的植物种类也较丰富，根据全省林木种质资源的调查显示，山东共有林木种质资源 91 科 276 属 946 种，其中裸子植物 8 科 28 属 84 种，被子植物 83 科 248 属 862 种，野生树种种质资源 58 科 127 属 375 种，栽培树种种质资源 81 科 249 属 697 种。山东省在中国植物区系的分区上，隶属于泛北极植物区的中国—日本森林植物亚区、华北地区中的辽东、山东丘陵亚地区。依据山东气候、地貌、土壤、农业等生态条件，将山东划分为鲁西北平原及鲁北滨海栽培植被区，山东半岛丘陵栽培植被赤松、麻栎林区，鲁中南山地丘陵栽培植被油松林、侧柏林、杂木林区，鲁西南平原栽培植被区。

由于山东省地处我国暖温带核心位置，与植物区系丰富的亚热带相毗连，因此亚热带、热带起源的植物由南部侵入，而另一些起源于欧洲、中亚细亚的成分则由西部分布到山东省；西伯利亚、蒙古等北方成分，也可以不受地形阻挡而南下。此外，山东半岛在地史上又曾和辽东半岛相连，因此又多与各种东北成分的植物沟通。而中国和日本也是在新生代才分离，山东植物区系中因而也多日本成分。由于以上原因，山东省的植物区系类型多样，归纳起来，主要有 5 种类型，即华北植物区系成分、东北植物区系成分、亚热带植物区系成分、国外植物成分、特有成分。各类温带成分占山东（不包括世界分布属）总属数的 66.17%，占山东（不包括世界分布种）总种数的 71.56%，这些数据充分表明，温带属、种在山东植物区系中起主导作用。各类热带成分占山东总属数的 29.46%，占山东总种数的 23.52%，表明山东植物区系与热带分布的属、种有较为密切的联系。此外，山东植物区系中有单种属和寡种属 76 属，占山东植物区系总属数的 9.1%，它们多属于第三纪的孑遗植物，这表明了山东植物区系的古老性。

从山东植物的分布情况来看，山区多于平原，沿海多于内陆；胶东半岛地区的植物种类最丰富，鲁中南山地丘陵区次之，最贫乏的是鲁北地区，这里由于自然条件单纯，尤其是土壤盐渍化，限制了植物的生存与分布。山东省的植物区系虽然比较复杂，种类也相当丰富，但是作为植被建群种出现的却并不很多。山东植被主要包括：针叶林、阔叶林、竹林、灌丛、灌草丛和草甸等6个主要植被型。

二、山东珍稀濒危树种概况

（一）国家级保护树种

根据1999年8月由国务院正式批准公布的《国家重点保护野生植物名录》（第一批，1999）及尚未正式公布的名录（第二批），参考国家环保局公布的《中国珍稀濒危保护植物名录》（傅立国，1989）及林业部公布的《国家珍贵树种名录》（第一批），初步确定山东省有天然分布的中国珍稀濒危保护树种15种，隶属于12科13属（表1）。

表 1　国家级保护树种

中名	学名	科别	分布区域														备注
			济南	青岛	淄博	枣庄	东营	烟台	潍坊	泰安	威海	日照	莱芜	临沂	滨州	合计	
紫椴	*Tilia amurensis*	椴树科		√	√			√	√	√	√	√	√			8	GZ
河北梨	*Pyrus hopeiensis*	蔷薇科		√												1	GZ
青檀	*Pteroceltis tatarinowii*	榆科				√		√			√					3	GX
玫瑰	*Rosa rugosa*	蔷薇科						√		√						2	GZ、GX
草麻黄	*Ephedra sinica*	麻黄科					√	√							√	3	GZ
山茶	*Camellia japonica*	山茶科		√												1	GZ
胡桃楸	*Juglans mandshurica*	胡桃科	√	√	√			√	√	√	√	√	√	√		10	GX、GS
刺楸	*Kalopanax septemlobus*	五加科	√	√	√			√	√	√	√	√	√	√		10	GS
朝鲜槐	*Maackia amurensis*	豆科		√	√			√			√					4	GS
蒙古栎	*Quercus mongolica*	壳斗科	√	√	√			√	√	√	√	√		√		9	GS
五味子	*Schisandra chinensis*	五味子科	√	√				√	√	√	√			√		7	GZ
东北茶藨子	*Ribes mandshuricum*	虎耳草科	√	√	√			√			√					5	GZ
软枣猕猴桃	*Actinidia arguta*	猕猴桃科	√	√	√			√	√	√	√	√	√			9	GZ
葛枣猕猴桃	*Actinidia polygama*	猕猴桃科	√	√	√			√			√					5	GZ
狗枣猕猴桃	*Actinidia kolomikta*	猕猴桃科								√						1	GZ
合计			7	11	8	1	1	12	6	8	10	5	4	4	1	—	—

注：GZ.《国家重点保护野生植物名录》；GX.《中国珍稀濒危保护植物名录》；GS.《国家珍贵树种名录》

山东省自然分布的中国珍稀濒危保护树种较少，与长期人为干扰有关。15种树种皆为东亚区系成分，但来源和地理成分较复杂。如山茶（*Camellia japonica*）为典型的亚热带区系成分，分布于我国和日本，我国野生种群仅产于山东、台湾及浙江东部，山东为自然分布的北界，且仅见于近海岛屿；五味子（*Schisandra chinensis*）、紫椴（*Tilia amurensis*）、胡桃楸（*Juglans mandshurica*）、蒙古栎（*Quercus mongolica*）、朝鲜槐（*Maackia amurensis*）等在我国主要分布于东北及北部地区，山东基本为自然分布的南界；草麻黄（*Ephedra sinica*）属于西北—华北区系成分；中国特有成分河北梨（*Pyrus hopeiensis*）局限分布于华北地区（仅产河北和山东），已列为我国 120 种极小种群物种之一，青檀（*Pteroceltis tatarinowii*）分布较为广泛。这些珍稀濒危保护树种的生活习性也较为复杂，包括落叶乔木 7 种、常绿灌木 1 种、落叶灌木 3 种、木质藤本 4 种。

这些树种在山东主要分布于自然植被保存或恢复较好的中海拔山地，如刺楸、紫椴、蒙古栎、胡桃楸、朝鲜槐等，但玫瑰（*Rosa rugosa*）分布于海滨沙地，草麻黄分布黄河三角洲盐碱地及海滨沙地，山茶仅产于近海海岛。就山东省各地市分布情况而言，种类较多的地市有烟台（12 种）、青岛（11 种）、威海（10 种），均处于胶东半岛地区；泰安、济南、淄博、潍坊等次之，有 6～9 种，再次为日照、临沂、莱芜，4～5 种，枣庄、滨州和东营均仅 1 种，菏泽、聊城、德州、济宁没有记载。而就各主要山系而言，以崂山和昆嵛山种类最多，各有 10 种，其次是泰山、鲁山、小珠山等，有 6～8 种。

就分布广度上而言，刺楸和胡桃楸分布最广，见于 10 个地市，其次是软枣猕猴桃（*Actinidia arguta*）、蒙古栎、紫椴和五味子，见于 7～9 个地市，但山茶和河北梨均仅产于青岛，狗枣猕猴桃仅产于烟台。山东省分布的中国珍稀濒危保护树种往往个体数量少（仅软枣猕猴桃、刺楸、胡桃楸等较多），分布零星稀散，多为伴生种和偶见种，如河北梨在崂山仅发现 2 株，山茶现存仅 400 余株。而且，这些珍稀濒危保护树种大多处于其分布区边缘，生长于相对脆弱的极端生境条件中，人为或自然因素导致的生境改变极易造成上述物种的种群衰退或消亡，致使其分布区进一步收缩并向北或向南退却。

从历年调查和标本记录看，有些珍稀濒危树种在山东的分布密度趋稀，分布地点变少。青岛近海岛屿小管岛、千里岩、朝连岛及崂山沿海太清宫一带都曾有野生山茶分布，但近几十年来已经不存，目前野生群落仅见于大管岛和长门岩。玫瑰也曾经广泛分布于烟台至威海一带滨海沙地，现仅存几个互不连续的分布点，且种群处于严重退化状态，如不加保护极易消失。就刺楸、紫椴、胡桃楸的绝对数量看，短期内应不会濒危灭绝，但作为重要的经济和用材树种，因过度开发利用致使资源急剧减少，也有必要对这些野生种质资源加以保护。

（二）山东省特有树种

根据 *Flora of China* 及 *China Checklist of Higher Plants*（Qin，2010）等权威资料的统计，严格局限分布于山东境内的山东省特有树种共计 10 种 5 变种（表 2），分属于 6 科 10 属，即蔷薇科 4 属 4 种 2 变种、杨柳科 2 属 2 种 2 变种、椴树科 1 属 2 种、鼠李科 1 属 1 种、桦木科 1 属 1 种、马鞭草科 1 属 1 变种。其中，山东栒子（*Cotoneaster schantungensis*）、山东山楂（*Crataegus shandongensis*）、崂山梨（*Pyrus trilocularis*）、五莲杨（*Populus wulianensis*）、泰山椴（*Tilia taishanensis*）、胶东椴（*Tilia jiaodongensis*）、山东柳（*Salix koreensis* var. *shandongensis*）、蒙山柳（*Salix nipponica* var. *mengshanensis*）、棱果花楸（*Sorbus alnifolia* var. *angulata*）、少叶花楸（*Sorbus hupehensis* var. *paucijuga*）计 6 种 4 变种被 *Flora of China* 收录；崂山鼠李（*Rhamnus laoshanensis*）、蒙山鹅耳枥（*Carpinus mengshanensis*）、单叶黄荆（*Vitex negundo* var. *simplicifolia*）计 2 种 1 变种被 *China Checklist of Higher Plants* 收录。其他种类尚有泰山花楸（*Sorbus taishanensis*）、鲁中柳（*Salix luzhongensis*）等。本书收录了 13 种（含变种，下同）。

表 2 山东省特有树种

中名	学名	科别	分布区域									
			济南	青岛	淄博	枣庄	烟台	潍坊	泰安	日照	临沂	合计
山东栒子	*Cotoneaster schantungensis*	蔷薇科	√									1
山东山楂	*Crataegus shandongensis*	蔷薇科				√			√			2
崂山梨	*Pyrus trilocularis*	蔷薇科		√								1
泰山椴	*Tilia taishanensis*	椴树科		√					√			2

续表

中名	学名	科别	分布区域									
			济南	青岛	淄博	枣庄	烟台	潍坊	泰安	日照	临沂	合计
五莲杨	*Populus wulianensis*	杨柳科					√			√		2
蒙山鹅耳枥	*Carpinus mengshanensis*	桦木科									√	1
鲁中柳	*Salix luzhongensis*	杨柳科			√			√			√	3
泰山花楸	*Sorbus taishanensis*	蔷薇科							√			1
胶东椴	*Tilia jiaodongensis*	椴树科					√	√				2
少叶花楸	*Sorbus hupehensis* var. *paucijuga*	蔷薇科		√								1
崂山鼠李	*Rhamnus laoshanensis*	鼠李科		√								1
单叶黄荆	*Vitex negundo* var. *simplicifolia*	马鞭草科	√									1
山东柳	*Salix koreensis* var. *shandongensis*	杨柳科					√					1
棱果花楸	*Sorbus alnifolia* var. *angulata*	蔷薇科			√							1
蒙山柳	*Salix nipponica* var. *mengshanensis*	杨柳科									√	1
合计			2	4	2	1	3	2	3	1	3	—

　　就产地而言，这些种类的分布区均极为狭窄，仅5种分布于2~3个分布点，即鲁中柳产于沂山、鲁山和蒙山，五莲杨产于昆嵛山和五莲山，山东山楂产于泰山和抱犊崮，泰山椴产于泰山和黄岛，胶东椴产于昆嵛山和沂山。其余种类中，特产于崂山的2种1变种、泰山的1种、济南的1种1变种、蒙山的1种1变种、昆嵛山的1变种、鲁山的1变种。已知除了少叶花楸、泰山椴个体数量较多以外，其余种类均数量极为有限。估计成熟个体数量500株以上的有少叶花楸、泰山椴；100~500株的有山东栒子、鲁中柳；10~99株的有五莲杨、蒙山鹅耳枥、崂山鼠李；10株以下的有山东山楂、崂山梨、胶东椴、单叶黄荆、棱果花楸、泰山花楸。有些种类自从发表后再未采集到，资源现状不明，如山东柳、蒙山柳。

　　山东特有树种分布区狭窄，资源有限，大多为极小种群物种，必须对其进行严格保护。

（三）山东省珍贵稀有树种

　　山东省珍贵稀有树种指虽未列入国家保护树种，也非山东省特有树种，但资源稀少或具有重要的经济价值或学术价值的树种。属于该类的树种，一般具有以下特点：

　　（1）中国稀有树种。如裂叶宜昌荚蒾（*Viburnum erosum* var. *taquetii*）分布于朝鲜和我国，国内仅分布于山东崂山；腺齿越橘（*Vaccinium oldhamii*）分布于朝鲜、日本和我国，我国仅分布于山东和江苏北部连云港，山东是主要分布区；大花铁线莲（*Clematis patens*）、裂叶水榆花楸（*Sorbus alnifolia* var. *lobulata*）在我国仅分布于山东和辽宁，主产于山东崂山。

　　（2）山东稀有的亚热带成分树种，常在山东达到自然分布的北界。如红楠（*Machilus thunbergii*）分布于亚洲热带和亚热带地区，但向北延伸至山东（仅产于青岛崂山海滨和长门岩岛）；大叶胡颓子（*Elaeagnus macrophylla*）分布于台湾及浙江、江苏的沿海岛屿，向北至山东并达到自然分布的北界。属于这种情况的还有白乳木（*Neoshirakia japonica*）、苦茶槭（*Acer tataricum* subsp. *theiferum*）、映山红（*Rhododendron simsii*）、狭叶山胡椒（*Lindera angustifolia*）、红果山胡椒（*Lindera erythrocarpa*）、竹叶椒（*Zanthoxylum armatum*）、华山矾（*Symplocos chinensis*）等。

　　同样的，一些主要分布于北方的树种，往往在山东达到自然分布的南界，且在省内亦为稀有树种。如无梗五加（*Eleutherococcus sessiliflorus*）分布于我国东北地区及河北、山西，在山东达到自然分布的南界，其他还有紫花忍冬（*Lonicera maximowiczii*）、褐毛铁线莲（*Clematis fusca*）、毛萼野茉莉（*Styrax japonicus* var. *calycothrix*）等。

（3）具有重要经济价值、药用价值，或为重要的育种材料，但在本省处于濒危或易危状态的树种。如小果白刺（*Nitraria sibirica*）、槲寄生（*Viscum coloratum*）、毛榛（*Corylus mandshurica*）、北桑寄生（*Loranthus tanakae*）、野柿（*Diospyros kaki* var. *silvestris*）等。

（4）在植物地理、区系研究或植物系统学研究中具有重要学术价值的树种。如三桠乌药（*Lindera obtusiloba*）为樟科分布最北界的植物，对研究樟科植物的演化和地理分布具有重要意义；小米空木（*Stephanandra incisa*）间断分布于辽宁、山东和台湾，为间断分布的典型种，对于研究植物区系具有重要科研价值；刺榆（*Hemiptelea davidii*）是榆科单种属植物，对研究榆科植物的系统演化有重要意义。

经过对山东野生树种的分布、资源现状和价值进行系统分析，将50种列为山东省珍贵稀有树种（表3），建议加强研究和保护。这些树种分布于全省14个地市，青岛最多，共有35种，其次是烟台26种。其他种类较多的地市有临沂、泰安、威海、淄博，均有10种以上。就分布区域而言，迎红杜鹃（*Rhododendron mucronulatum*）、三桠乌药（*Lindera obtusiloba*）和拐枣（*Hovenia dulcis*）分布范围较为广泛，见于8～10个地市，其他大多数种类分布范围较小，其中仅产于1～2个地市的有23种。

表3　山东省珍贵稀有树种

中名	学名	科别	济南	青岛	淄博	枣庄	东营	烟台	潍坊	泰安	济宁	威海	日照	莱芜	临沂	滨州	合计
苦茶槭	*Acer tataricum* subsp. *theiferum*	槭树科		√													1
葛萝槭	*Acer davidii* subsp. *grosseri*	槭树科			√				√	√					√		4
无梗五加	*Eleutherococcus sessiliflorus*	五加科			√			√					√				4
楤木	*Aralia elata*	五加科		√						√							2
北京小檗	*Berberis beijingensis*	小檗科		√													1
坚桦	*Betula chinensis*	桦木科	√	√				√		√					√		5
毛叶千金榆	*Carpinus cordata* var. *mollis*	桦木科							√								1
小叶鹅耳枥	*Carpinus stipulata*	桦木科			√										√		2
毛榛	*Corylus mandshurica*	桦木科		√				√									2
紫花忍冬	*Lonicera maximowiczii*	忍冬科		√				√									2
裂叶宜昌荚蒾	*Viburnum erosum* var. *taquetii*	忍冬科		√													1
荚蒾	*Viburnum dilatatum*	忍冬科			√							√			√		4
蒙古荚蒾	*Viburnum mongolicum*	忍冬科			√												1
苦皮藤	*Celastrus angulatus*	卫矛科	√		√			√	√		√				√		6
野柿	*Diospyros kaki* var. *silvestris*	柿树科		√				√				√	√				4
大叶胡颓子	*Elaeagnus macrophylla*	胡颓子科		√				√				√					3
映山红	*Rhododendron simsii*	杜鹃花科		√									√				2
迎红杜鹃	*Rhododendron mucronulatum*	杜鹃花科	√	√	√			√	√	√		√	√	√	√		10
腺齿越橘	*Vaccinium oldhamii*	杜鹃花科		√						√							2
算盘子	*Glochidion puberum*	大戟科		√									√		√		3
白乳木	*Neoshirakia japonica*	大戟科		√													1
锐齿槲栎	*Quercus aliena* var. *acutiserrata*	壳斗科													√		1

续表

中名	学名	科别	分布区域															
			济南	青岛	淄博	枣庄	东营	烟台	潍坊	泰安	济宁	威海	日照	莱芜	临沂	滨州	合计
红楠	*Machilus thunbergii*	樟科		√													1
狭叶山胡椒	*Lindera angustifolia*	樟科		√				√									2
红果山胡椒	*Lindera erythrocarpa*	樟科		√				√				√					3
三桠乌药	*Lindera obtusiloba*	樟科	√	√				√	√	√		√	√		√		8
北桑寄生	*Loranthus tanakae*	桑寄生科	√	√	√				√						√		5
大花铁线莲	*Clematis patens*	毛茛科		√				√									2
褐毛铁线莲	*Clematis fusca*	毛茛科		√								√					3
拐枣	*Hovenia dulcis*	鼠李科	√	√	√			√	√	√		√	√		√		9
柳叶豆梨	*Pyrus calleryana* f. *lanceolata*	蔷薇科													√		1
辽宁山楂	*Crataegus sanguinea*	蔷薇科			√												1
三叶海棠	*Malus sieboldii*	蔷薇科		√				√				√					3
裂叶水榆花楸	*Sorbus alnifolia* var. *lobulata*	蔷薇科		√	√						√				√		4
毛叶石楠	*Photinia villosa*	蔷薇科		√				√									2
小米空木	*Stephanandra incisa*	蔷薇科		√				√	√			√	√		√		6
竹叶椒	*Zanthoxylum armatum*	芸香科		√		√				√		√					5
多花泡花树	*Meliosma myriantha*	清风藤科		√								√					3
泰山柳	*Salix taishanensis*	杨柳科								√							1
光萼溲疏	*Deutzia glabrata*	虎耳草科		√				√				√					3
美丽茶藨子	*Ribes pulchellum*	虎耳草科									√						1
毛萼野茉莉	*Styrax japonicus* var.*calycothrix*	安息香科		√				√				√					3
玉铃花	*Styrax obassis*	安息香科		√				√				√	√		√		5
华山矾	*Symplocos chinensis*	山矾科		√				√				√	√				4
河朔荛花	*Wikstroemia chamaedaphne*	瑞香科	√								√	√					3
旱榆	*Ulmus glaucescens*	榆科	√														1
刺榆	*Hemiptelea davidii*	榆科	√	√	√			√			√						6
单叶蔓荆	*Vitex rotundifolia*	马鞭草科		√			√	√		√		√	√				7
榭寄生	*Viscum coloratum*	榭寄生科			√										√		2
小果白刺	*Nitraria sibirica*	蒺藜科					√		√							√	3
合计			8	35	12	3	2	26	9	12	5	17	11	1	17	1	—

续表

各 论

一、国家级保护树种

1 紫椴 Tilia amurensis Rupr.

【科属】椴树科 Tiliaceae，椴树属 *Tilia*

【形态概要】落叶乔木，高达 25 m，直径达 1 m，树皮暗灰色，片状脱落；嫩枝初时有白丝毛，很快变秃净，顶芽无毛。叶阔卵形或卵圆形，长 4.5～6 cm，宽 4～5.5 cm，先端急尖或渐尖，基部心形，有时斜截形，上面无毛，下面浅绿色，脉腋内有毛丛，侧脉 4～5 对，边缘有锯齿，齿尖突出 1 mm；叶柄长 2～3.5 cm，纤细，无毛。聚伞花序长 3～5 cm，纤细，无毛，有花 3～20 朵；花柄长 7～10 mm；苞片狭带形，长 3～7 cm，宽 5～8 mm，两面均无毛，下半部或下部 1/3 与花序柄合生，基部有柄，长 1～1.5 cm；萼片阔披针形，长

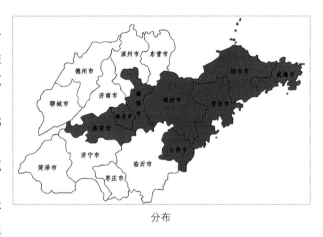

分布

5～6 mm，外面有星状柔毛；花瓣长 6～7 mm；退化雄蕊不存在；雄蕊较少，约 20 枚，长 5～6 mm；子房有毛，花柱长 5 mm。果实卵圆形，长 5～8 mm，被星状茸毛，有棱或有不明显的棱。花期 6～7 月；果期 9 月。

【生境分布】分布于莱芜、青岛、日照（五莲山）、泰安（泰山、徂徕山）、威海、潍坊（沂山、仰天山）、烟台、淄博（鲁山）等地，呈零星分布，仅在烟台等地出现小片纯林。

【保护价值】紫椴是我国著名蜜源植物，也是优良的园林观赏树种，山东是紫椴天然分布的南界。木材色白轻软，纹理致密通直，为建筑、家具、造纸、雕刻、铅笔杆等的用材。

【致危分析】山东虽然多数山区有分布，但植株数量较少。因缺少野生植物保护意识，当地居民存在挖掘幼树、幼苗的现象。

【保护措施】加强野生植物保护宣传，杜绝当地山民挖掘幼树、幼苗；进行紫椴生物学、生态学等领域的研究工作；自然环境条件下，紫椴种子繁殖力较弱。

2 河北梨 *Pyrus hopeiensis* Yu

【科属】蔷薇科 Rosaceae，梨属 *Pyrus*

【形态概要】落叶乔木，高达 12 m；小枝圆柱形，无毛，暗紫色或紫褐色，具稀疏白色皮孔，先端常变为硬刺；冬芽长圆卵形或三角卵形，先端急尖，无毛，或在鳞片边缘及先端微具绒毛。叶片卵形、宽卵形至近圆形，长 4～7 cm，宽 4～5 cm，先端具有长或短渐尖头，基部圆形或近心形，边缘具细密尖锐锯齿，有短芒，上下两面无毛，侧脉 8～10 对；叶柄长 2～4.5 cm，有稀疏柔毛或无毛。伞形总状花序，具花 6～8 朵，花梗长 12～15 mm，总花梗和花梗有稀疏

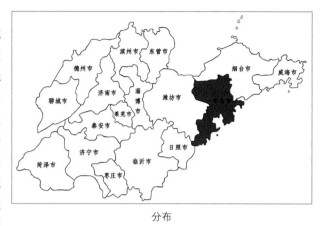

分布

柔毛或近于无毛；萼片三角状卵形，边缘有齿，外面有稀疏柔毛，内面密被柔毛；花瓣椭圆状倒卵形，基部有短爪，长 8 mm，宽 6 mm，白色；雄蕊 20，长不及花瓣之半；花柱 4，和雄蕊近等长。果实球形或卵形，直径 1.5～2.5 cm，果褐色，顶端萼片宿存，外面具多数斑点，4 室，稀 5 室，果心大，果肉白色，石细胞多；果梗长 1.5～3 cm；种子倒卵形，长 6 mm，宽 4 mm，暗褐色。花期 4 月；果期 8～9 月。

【生境分布】分布于青岛（崂山），生于海拔 950 m 左右的山顶落叶松林内，伴生树种有水榆花楸、天目琼花、白檀、迎红杜鹃、小米空木、卫矛、郁李等。

【保护价值】河北梨是重要的野生果树资源，对于栽培梨的品种培育和改良具有一定价值，由于资源稀少，已被列为国家 120 种极小种群植物之一。

【致危分析】河北梨已处于极度濒危状态，仅分布于河北和山东，在河北已经多年未发现，山东仅在崂山发现 2 株大树，但树下未见更新的幼苗和幼树。河北梨与秋子梨相近，过去常将后者错误鉴定为前者。

【保护措施】立即进行就地保护，在该树种周围设立保护点；加大管理力度，对周边群众加大宣传教育工作；加强对其繁殖、种子扩散、萌发等机制研究，提高种群数量。

植株　　　　　　　　　　　　　果枝

3 青檀 Pteroceltis tatarinowii Maxim.

【别名】翼朴

【科属】榆科 Ulmaceae，青檀属 *Pteroceltis*

【形态概要】落叶乔木，高达 20 m；树皮不规则长片状剥落。叶互生，宽卵形至长卵形，长 3～10 cm，宽 2～5 cm，先端渐尖至尾状渐尖，基部不对称，边缘有不整齐锯齿，基部 3 出脉，侧脉 4～6 对；叶柄长 5～15 mm。花单性同株，雄花数朵簇生，花被 5 深裂，雄蕊 5，花丝直立；雌花单生，花被 4 深裂，柱头 2，胚珠倒垂。翅果状坚果近圆形或近四方形，直径 10～17 mm，黄绿色或黄褐色，翅宽，稍带木质，顶端有凹缺，具宿存的花柱和花被；果梗纤细，长 1～2 cm，被短柔毛。花期 3～5 月；果期 8～10 月。

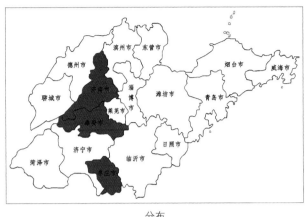

分布

【生境分布】分布于济南、枣庄（青檀寺）、泰安（泰山），多生于石灰岩山地山坡、路边、山谷溪边。在枣庄青檀寺裸露石灰岩山地分布着以青檀为建群种的落叶林，青檀大多呈丛生状。

【保护价值】青檀是我国特有的单种属植物，在研究榆科系统发育上有学术价值；茎皮、枝皮纤维是生产宣纸的优质原料；木材坚硬细致。还可作石灰岩山地的造林树种。

【致危分析】青檀在山东为稀有植物，分布区片段化显著，目前仅有几个孤立的分布地点，生境恶劣。在枣庄青檀寺，全部生于裸露的石灰岩石缝，自然更新不良，种群繁衍困难。

【保护措施】就地保护，加强对其生境的保护，开展繁育生物学研究；进行相关生物学特性的研究，加强繁殖，提高种群数量。

生境、群落

植株

果枝

花枝

群落中的幼苗

4 玫瑰 Rosa rugosa Thunb.

【科属】蔷薇科 Rosaceae，蔷薇属 Rosa

【形态概要】落叶灌木，高达 2 m；小枝密被绒毛，并有针刺和腺毛。小叶 5～9，连叶柄长 5～13 cm；小叶片椭圆形或椭圆状倒卵形，长 1.5～4.5 cm，宽 1～2.5 cm，先端急尖或圆钝，基部圆形或宽楔形，边缘有尖锐锯齿，上面深绿色，无毛，叶脉下陷，有褶皱，下面灰绿色，中脉突起，网脉明显，密被绒毛和腺毛，有时腺毛不明显；叶柄和叶轴密被绒毛和腺毛；托叶大部贴生于叶柄，离生部分卵形，边缘有带腺锯齿，下面被绒毛。花芳香，单生于叶腋，或数朵簇生，苞片卵形，边缘有腺毛，外被绒毛；花梗密被

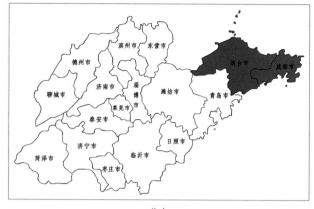

分布

绒毛和腺毛；花直径 4～5.5 cm；萼片卵状披针形，先端尾状渐尖，常有羽状裂片而扩展成叶状，上面有稀疏柔毛，下面密被柔毛和腺毛；花瓣倒卵形，紫红色；花柱离生，被毛，稍伸出萼筒口外，比雄蕊短很多。果扁球形，直径 2～2.5 cm，砖红色，肉质，平滑，萼片宿存。花期 5～7 月；果期 8～9 月。

【生境分布】分布于烟台（牟平）、威海（荣成）等地，呈斑块状分布在海边高潮线以上 30～300 m 的海岸灌草丛与人工黑松林林缘。

【保护价值】野生玫瑰仅分布于我国北部（山东、吉林、辽宁）沿海沙滩及海岛，对研究植物区系、维持滨海生态环境具有重要意义。鲜花可以蒸制芳香油，供食用及化妆品用，果实含维生素 C，用于食品和医药；具极高观赏价值的经济价值，是观赏和食用玫瑰育种的重要种质资源。

【致危分析】由于滨海地区大规模水产养殖、旅游度假、工业开发等活动，以及当地居民随意采摘和挖掘，限制了玫瑰的自然更新，生境片段化明显，分布范围逐渐缩小。

【保护措施】实施就地保护，建立海岸带植被保护区；加强人工繁育研究，迁地保护。

生境　　　　　群落

花序　　　　　种子

5　草麻黄 Ephedra sinica Stapf

【别名】麻黄、华麻黄

【科属】麻黄科 Ephedraceae，麻黄属 *Ephedra*

【形态概要】草本状灌木，高20~40 cm；木质茎短或成匍匐状，小枝直伸或微曲，表面细纵槽纹常不明显，节间长2.5~5.5 cm，多为3~4 cm，径约2 mm。叶2裂，鞘占全长1/3~2/3，裂片锐三角形，先端急尖。雄球花多呈复穗状，常具总梗，苞片通常4对，雄蕊7~8，花丝合生，稀先端稍分离；雌球花单生，在幼枝上顶生，在老枝上腋生，常在成熟过程中基部有梗抽出，使雌球花呈侧枝顶生状，卵圆形或矩圆状卵圆形，苞片4对，下部3对合生

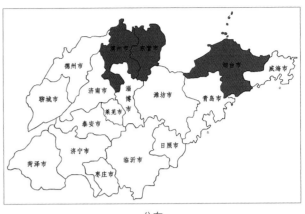

分布

部分占1/4~1/3，最上1对合生部分达1/2以上；雌花2，胚珠的珠被管长1 mm或稍长，直立或先端微弯，管口隙裂窄长，占全长的1/4~1/2，裂口边缘不整齐，常被少数毛茸。雌球花成熟时肉质红色，矩圆状卵圆形或近圆球形，长约8 mm，径6~7 mm；种子通常2粒，包于苞片内，不露出或与苞片等长，黑红色或灰褐色，三角状卵圆形或宽卵圆形，长5~6 mm，径2.5~3.5 mm，表面具细皱纹，种脐明显，半圆形。花期5~6月；种子8~9月成熟。

【生境分布】分布于滨州（无棣、沾化）、东营（利津）、烟台（莱州、蓬莱、长岛），生于盐碱地和沿海沙滩及岛屿。生境土壤大多为盐碱土和风沙土，有机质含量仅1.5%~2.5%，甚至在1%以下，伴生植物包括酸枣、白刺、碱蓬、蒿属等。

【保护价值】草麻黄是国家重点保护植物，也是山东省稀有植物。有重要的药用价值，枝叶药用，生物碱含量丰富，是提取麻黄素的重要原料。同时，草麻黄对维持干旱半干旱地区、盐碱地区脆弱的生态平衡具有显著作用。

【致危分析】草麻黄及其所构成的麻黄草地是生态作用显著的宝贵资源，近年来因掠夺性采割致使资源遭到严重破坏。

【保护措施】就地保护，尽量保留天然贝壳沙堤和滨海沙地，为草麻黄创造适宜的生境，建立良好的种间和种内生态关系，以利于其生长和天然更新。

群落

球花

6 山茶 *Camellia japonica* Linn.

【别名】耐冬

【科属】山茶科 Theaceae，山茶属 *Camellia*

【形态概要】常绿大灌木或小乔木，高达 9 m，嫩枝无毛。叶革质，椭圆形，长 5～10 cm，宽 2.5～5 cm，先端略尖，或急短尖而有钝尖头，基部阔楔形，上面深绿色，干后发亮，无毛，下面浅绿色，无毛，侧脉 7～8 对，在上下两面均能见，边缘有相隔 2～3.5 cm 的细锯齿。叶柄长 8～15 mm，无毛。花顶生，红色，无柄；苞片及萼片约 10 片，组成长 2.5～3 cm 的杯状苞被，半圆形至圆形，长 4～20 mm，外面有绢毛，脱落；花瓣 6～7 片，外侧 2 片近圆形，几离生，长

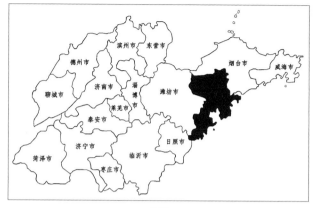

分布

2 cm，外面有毛，内侧 5 片基部连生约 8 mm，倒卵圆形，长 3～4.5 cm，无毛；雄蕊 3 轮，长 2.5～3 cm，外轮花丝基部连生，花丝管长 1.5 cm，无毛；内轮雄蕊离生，稍短，子房无毛，花柱长 2.5 cm，先端 3 裂。蒴果圆球形，直径 2.5～3 cm，2～3 室，每室有种子 1～2 个，3 片裂开，果爿厚木质。花期 4～5 月；果期 10～11 月。

【生境分布】分布于青岛（长门岩岛、大管岛）。其中，长门岩岛是山茶的主要分布地，集中分布在海拔 20～80 m 的范围内，形成了独特的以山茶为优势种的常绿阔叶矮林，高达 4 m，山茶种群中个体基径最粗的达 45 cm。岛上的土壤为发育不完全的棕壤，pH 3.65～6.22，有机质含量为 13.7%～22.8%。伴生树种有大叶胡颓子、扶芳藤、小叶朴、山合欢等。

【保护价值】山茶是著名的观赏植物，但野生资源稀少，山东是其自然分布的北界，对于培育山茶耐寒品种具有重要价值。对于研究该属的地理分布和植物区系演化也具有学术价值。

【致危分析】山茶生境恶劣，种群繁衍困难，经常遭受采挖，目前数量已很少，仅在大管岛残存 45 株，长门岩岛残存约 400 株。现存山茶植株几乎均为成年植株，树下极少见到自然更新的幼苗和幼树，疑与人为干扰和盗挖有关，即使成年大树也常易遭受游客采折。

花枝

【保护措施】就地保护，严格保护现有植株及其环境；采取易地保护、种质与基因保存等措施对山茶进行保护，是扩大山茶分布区和开发利用山茶资源的主要途径。进一步对山茶开展全面深入的研究，为保护和发展山茶资源提供科学依据，重点放在山茶生物学特性、遗传结构、生态学特性等方面的研究上。

群落

植株

7　胡桃楸 Juglans mandshurica Maxim.

【别名】核桃楸

【科属】胡桃科 Juglandaceae，胡桃属 *Juglans*

【形态概要】落叶乔木，高达 20 m；树皮灰色。幼枝被短茸毛。奇数羽状复叶，长达 40～50 cm，叶柄长 5～9 cm，基部膨大，叶柄及叶轴被有短柔毛或星芒状毛；小叶 9～17 枚，椭圆形至长椭圆形，具细锯齿，上面有稀疏短柔毛，后仅中脉被毛，下面被贴伏短柔毛及星芒状毛；侧生小叶无柄，基部歪斜。生于萌发条上的复叶长可达 80 cm，小叶 15～23 枚。雄性柔荑花序长 9～20 cm，花序轴被短柔毛。雌性穗状花序具 4～10 雌花，花序轴被有茸毛。柱头鲜红色。果

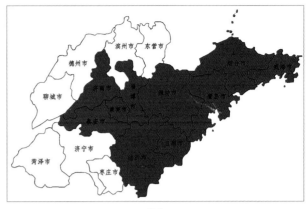

分布

序俯垂，通常具 5～7 果实；果球状、卵状或椭圆状，密被腺质短柔毛，长 3.5～7.5 cm，径 3～5 cm；果核长 2.5～5 cm，表面具 8 条纵棱，顶端具尖头；内果皮壁内具多数不规则空隙。花期 5～6 月；果期 8～9 月。

【生境分布】山东省多数山区有零星分布，已知济南、莱芜、临沂、青岛、日照、泰安、威海、潍坊、烟台、淄博等地均产，但数量不多，多生于土质肥厚、湿润、排水良好的沟谷两旁或山坡的阔叶林中。

【保护价值】胡桃楸是培育核桃新品种的重要野生种质资源，也是嫁接核桃的优良砧木。种子油供食用，种仁可食；材质优良，也是重要用材树种。树皮、叶及外果皮含鞣质，可提取栲胶。

【致危分析】胡桃楸在山东呈零星分布，多生于湿润的沟边，自然状态下更新良好，常见幼苗和幼树，但近年来其生境因旅游开发受到较大的人为干扰。

【保护措施】就地保护，对有分布的地方设立保护小区，加大管理力度。加强宣传教育，严禁采挖，开展繁育生物学研究，提高种群数量。

生境

雌花序

自然更新的幼苗

植株

花枝

8 刺楸 Kalopanax septemlobus（Thunb.）Koidz.

【科属】五加科 Araliaceae，刺楸属 *Kalopanax*

【形态概要】落叶乔木，高达 30 m；小枝散生粗刺，在苗壮枝上的长达 1 cm。叶在长枝上互生，在短枝上簇生，圆形或近圆形，直径 9～25 cm，掌状 5～7 浅裂，裂片阔三角状卵形至长圆状卵形，先端渐尖，基部心形，边缘有细锯齿，放射状主脉 5～7 条；叶柄细长，长 8～50 cm。圆锥花序长 15～25 cm，直径 20～30 cm；小伞形花序直径 1～2.5 cm；花梗长 5～12 mm；花白色或淡绿黄色；萼长约 1 mm，有 5 小齿；花瓣 5，三角状卵形，长约 1.5 mm；雄蕊 5；花丝长 3～4 mm；子房 2 室，花盘隆起；花柱合生成柱状，柱头离生。果实球形，径约 5 mm，蓝黑色。花期 7～8 月；果期 10～12 月。

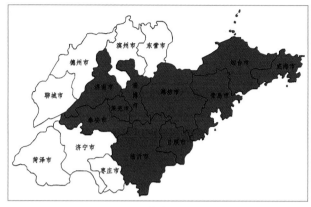

分布

【生境分布】山东各大山区均有分布，生于山地疏林中，常作为伴生树种出现，已知济南、莱芜、临沂、青岛、日照、泰安、威海、潍坊、烟台、淄博等地均产，呈散生状态，资源数量有限。

【保护价值】刺楸为国家珍贵树种，在山东处于易危状态。木材硬度适中、纹理美观，可作建筑用材；根皮为民间草药；嫩叶可食；树皮及叶含鞣酸，可提制栲胶；种子含油量约 38%。

【致危分析】刺楸分布面积较大但多呈零星分布，而且近年来人为干扰较为严重，幼叶常被采摘，有的分布点野生居群消失。在保存较好的地区（如蒙山、崂山等地），自然更新（种子和萌蘖）良好。

【保护措施】就地保护，加大宣传教育和管理力度，严禁采挖；开展繁育生物学研究，迁地保护。

群落

植株

花枝

果实

人为干扰情况

9　朝鲜槐 Maackia amurensis Rupr.

【**别名**】怀槐、山槐

【**科属**】豆科 Fabaceae，怀槐属 *Maackia*

【**形态概要**】落叶乔木，高达 15 m，通常高 7～8 m；
树皮薄片剥裂。羽状复叶，长 16～20 cm；小叶 3～4（5）
对，对生或近对生，纸质，卵形、倒卵状椭圆形或长卵
形，长 3.5～6.8（9.7）cm，宽（1）2～3.5（4.9）cm，先
端钝，基部阔楔形或圆形，幼叶两面密被灰白色毛，
后脱落；小叶柄长 3～6 mm。总状花序 3～4 个集生，
长 5～9 cm；总花梗及花梗密被锈褐色柔毛；花蕾密
被褐色短毛，花密集；花梗长 4～6 mm；花萼钟状，
长、宽各 4 mm，5 浅齿，密被黄褐色平贴柔毛；花

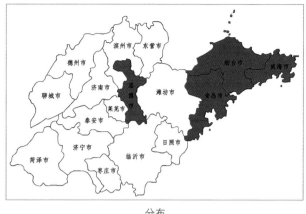

分布

冠白色，长 7～9 mm；子房密被黄褐色毛。荚果扁平，长 3～7.2 cm，宽 1～1.2 cm，暗褐色；种子褐黄色，长
椭圆形，长约 8 mm。花期 6～7 月；果期 9～10 月。

【**生境分布**】主要分布于胶东山区，见于青岛、烟台、威海、淄博（鲁山）等地。崂山分布最为集中，多生
于落叶松林下，作为乔木层的伴生树种出现，也有小片纯林。

【**保护价值**】朝鲜槐是国家珍贵树种，山东是自然分布的最南界。边材红白色，心材黑褐色，材质致密，稍
坚重，有光泽，可作建筑及各种器具、农具等用；树皮、叶含单宁，作染料及药用；种子可榨油。

【**致危分析**】朝鲜槐为山东省稀有植物，资源较少，在崂山繁衍正常，偶有樵采干扰。

【**保护措施**】就地保护。

群落

植株

枝叶

花序

果枝

10 蒙古栎 Quercus mongolica Fisch. ex Ledeb.

【别名】蒙栎

【科属】壳斗科 Fagaceae，栎属 *Quercus*

【形态概要】落叶乔木，高达 30 m。幼枝紫褐色，无毛。叶片倒卵形至长倒卵形，长 7～19 cm；宽 5～11 cm，幼时沿脉有毛，后渐脱落，基部窄圆形或耳形，叶缘 7～10 对波状粗齿；侧脉 7～15 对。雄柔荑花序生于新枝基部，长 5～7 cm，花序轴近无毛；花被 6～8 裂，雄蕊 8～10；雌花序生于新枝顶端，长约 1 cm，有花 4～5 朵，通常只 1～2 朵发育，花被 6 裂，柱头 3 裂。壳斗杯状，直径 1.5～1.8 cm，高 0.8～1.5 cm，包着坚果 1/3～1/2，壳斗外

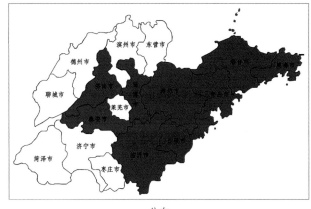

分布

壁小苞片三角状卵形，背面呈半球形瘤状突起。坚果卵形或卵状椭圆形，直径 1.3～1.8 cm，高 2～2.4 cm。花期 4～5 月；果期 9 月。

【生境分布】分布于泰安、青岛、日照、临沂（蒙山）、济南（龙洞、莲台山）、潍坊、淄博（鲁山）、威海（伟德山）、烟台等地，多生于海拔 500 m 以上的山坡上部，在崂山可见于海拔 300 m 低山。

【保护价值】蒙古栎为国家二级珍贵树种，材质坚硬、密度大、纹理美观、具有抗腐耐湿等特点，供建筑、造船、枕木等用材。也是营造防风林、水源涵养林及防火林的优良树种。

【致危分析】蒙古栎在山东东部、东南部山地均有分布，常因森林抚育而被砍伐。目前面临的问题是自然更新不良，在野外很少见到幼树或幼苗，夏季叶子出现病害，落地的果实多数被虫蛀。

【保护措施】就地保护，防治病虫害；防止旅游开发的破坏。通过人工采种、播种或育苗进行人工抚育，恢复种群数量。

群落

幼果枝

果实及壳斗

植株

花枝

11　五味子 Schisandra chinensis（Turcz.）Baill.

【别名】北五味子

【科属】五味子科 Schisandraceae，五味子属 *Schisandra*

【形态概要】落叶木质藤本，除幼叶背面被柔毛及芽鳞具缘毛外余无毛。叶膜质，宽椭圆形、卵形、倒卵形或近圆形，长（3）5～10（14）cm，宽（2）3～5（9）cm，先端急尖，基部楔形，下延，上部边缘具疏浅锯齿，近基部全缘；侧脉3～7对。雄花：花梗长5～25 mm，花被片粉白色或粉红色，6～9片，长圆形，长6～11 mm，宽2～5.5 mm，外面的较狭小；雄蕊5（6）枚，长约2 mm，花丝无或极短；雌花：花梗长17～38 mm，花被片和雄花相似；雌蕊群近卵圆形，长2～4 mm，心皮17～40，柱头鸡冠状。聚合果长1.5～8.5 cm，柄长1.5～6.5 cm；小浆果红色，近球形或倒卵圆形；种子肾形，长4～5 mm，种脐明显凹入呈"U"形。花期5～7月；果期7～10月。

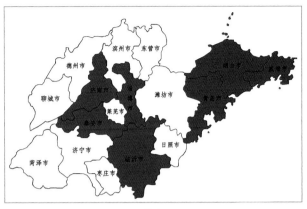

分布

【生境分布】分布于泰安（泰山）、青岛（崂山）、临沂（蒙山）、淄博（鲁山）、威海、烟台、济南（龙洞）等山区。生于海拔500～1500 m的湿润土层肥厚的山坡林下和沟谷灌丛中。

【保护价值】五味子是著名中药材，果实药用，叶、果实可提取芳香油。种仁榨油可作为工业原料、润滑油。茎皮纤维柔韧，可供制作绳索。

【致危分析】五味子为山东省稀有植物，是森林的层间植物，对森林环境有较强依附性。随着森林的过量采伐，大规模地人工造林，五味子生境产生了变化；大量掠夺式采集也加剧资源的消耗。

【保护措施】采取就地保护，对其现有的分布区，选择具有代表性的地点建立保护小区，禁止人为破坏。

枝叶

花

群落

花枝

果实

12 东北茶藨子 Ribes mandshuricum (Maxim.) Komal

【别名】山麻子

【科属】虎耳草科 Saxifragaceae，茶藨子属 Ribes

【形态概要】落叶灌木，高 1～3 m；嫩枝褐色，具短柔毛或近无毛，无刺；芽卵圆形或长圆形，长 4～7 mm，宽 1.5～3 mm，先端稍钝或急尖。叶宽大，长 5～10 cm，宽几与长相等，基部心形，幼时两面被灰白色平贴短柔毛，下面甚密，成长时逐渐脱落，掌状 3～5 裂，裂片卵状三角形，先端急尖至短渐尖，顶生裂片比侧生裂片稍长，边缘具不整齐粗锐锯齿或重锯齿；叶柄长 4～7 cm，具短柔毛。花两性，开花时直径 3～5 mm；总状花序长 7～16 cm，

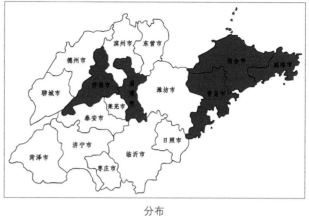

分布

稀达 20 cm，初直立后下垂，具花多达 40～50 朵；花序轴和花梗密被短柔毛；花梗长 1～3 mm；苞片小，卵圆形，几与花梗等长，无毛或微具短柔毛，早落；花萼浅绿色或带黄色，外面无毛或近无毛；萼筒盆形，长 1～1.5（2）mm，宽 2～4 mm；萼片倒卵状舌形或近舌形，长 2～3 mm，宽 1～2 mm，先端圆钝，边缘无睫毛，反折；花瓣近匙形，长 1～1.5 mm，宽稍短于长，先端圆钝或截形，浅黄绿色，下面有 5 个分离的突出体；雄蕊稍长于萼片，花药近圆形，红色；子房无毛；花柱稍短或几与雄蕊等长，先端 2 裂，有时分裂几达中部。果实球形，直径 7～9 mm，红色，无毛，味酸可食；种子多数，较大，圆形。花期 5～6 月；果期 8～9 月。

【生境分布】分布于烟台、青岛、威海、淄博、济南（龙洞）等地，生于海拔 600～1000 m 的山坡及沟谷灌丛中，伴生树种主要有锦带花、华北忍冬、白檀、华北绣线菊、钩齿溲疏等。

【保护价值】东北茶藨子是重要的野生果树，其果实味酸可食，也可栽培观赏。

【致危分析】东北茶藨子为山东省稀有植物，仅有几个零星分布的地点，资源较少，有时遭受盗挖，也受到樵采干扰。

【保护措施】将已知分布地点划定为保护点，严格保护现有分布区及其环境。

群落　　　　　　　　　　果枝

13　软枣猕猴桃 Actinidia arguta（Sieb. & Zucc.）Planch. ex Miq.

【科属】猕猴桃科 Actinidiaceae，猕猴桃属 *Actinidia*

【形态概要】落叶藤本；小枝髓白色至淡褐色，片层状。叶卵形、长圆形、阔卵形至近圆形，长 6～12 cm，宽 5～10 cm，顶端急短尖，基部圆形至浅心形，等侧或稍不等侧，边缘具锐锯齿，背面脉腋有髯毛或连中脉和侧脉下段生少量卷曲柔毛；侧脉 6～7 对。花序腋生或腋外生，1～2 回分枝，1～7 花。花绿白色或黄绿色，芳香，直径 1.2～2 cm；萼片 4～6 枚，卵圆形至长圆形，长 3.5～5 mm；花瓣 4～6 片，楔状倒卵形或瓢状倒阔卵形，长 7～9 mm；花丝长 1.5～3 mm，花药黑色或暗紫色；子

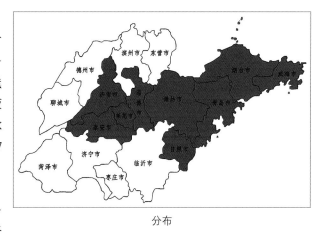

分布

房瓶状，长 6～7 mm，无毛，花柱长 3.5～4 mm。果圆球形至柱状长圆形，长 2～3 cm，有喙，无毛，无斑点，萼片脱落。花期 5～6 月；果期 9～10 月。

【生境分布】分布于青岛、烟台、泰安、威海、淄博、潍坊、日照、莱芜、济南（梯子山）等地，多生于海拔 500～1000 m 的灌丛中，或攀援于乔木树种上。在泰山海拔可达 1500 m，在崂山等沿海山地分布海拔可低至 100 m。

【保护价值】软枣猕猴桃是重要的果树资源，果实可生食，也可药用，经济价值大，已列为国家二级保护植物。也是重要的育种资源。

【致危分析】软枣猕猴桃在胶东半岛较为常见，分布区内繁衍正常，个体数量较多，但其分布地点多为旅游热点地区，果实常被大量采摘，枝条也常受到破坏，影响了其自然更新。

【保护措施】就地保护，加大宣传教育和管理力度，严禁采挖，开展繁育生物学研究；加强对其繁殖、种子扩散、萌发等机制研究。

群落　　　　　　　花枝　　　　　　　幼果　　　　　　　成熟果实

14 葛枣猕猴桃 Actinidia polygama（Sieb. & Zucc.）Maxim.

【别名】木天蓼

【科属】猕猴桃科 Actinidiaceae，猕猴桃属 Actinidia

【形态概要】落叶藤本；小枝髓白色，实心。叶膜质（花期）至薄纸质，卵形或椭圆卵形，长 7～14 cm，宽 4.5～8 cm，顶端急渐尖至渐尖，基部圆形或阔楔形，有细锯齿，腹面散生少数小刺毛，有时前端部变为白色或淡黄色，背面沿脉被卷曲的微柔毛，有时中脉上着生小刺毛，侧脉约 7 对，上段常分叉。花序 1～3 花；花白色，芳香，直径 2～2.5 cm；萼片 5，卵形至长方卵形，长 5～7 mm；花瓣 5 片，倒卵形至长方倒卵形，长 8～13 mm；花丝线形，花药黄色；子房瓶

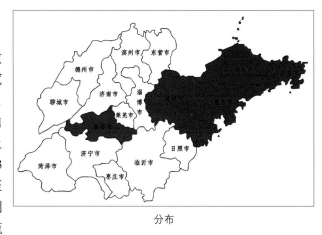

分布

状，长 4～6 mm，花柱长 3～4 mm。果成熟时淡橘色，卵珠形或柱状卵珠形，长 2.5～3 cm，无毛，无斑点，顶端有喙，萼片宿存。花期 6～7 月；果期 9～10 月。

【生境分布】分布于青岛（崂山）、泰安（徂徕山）、潍坊（沂山）、烟台（昆嵛山）、威海等地，生于海拔 300～800 m 的溪边灌丛、林缘中。

【保护价值】葛枣猕猴桃果实除作水果利用之外，虫瘿可入药，从果实提取新药 Polygamol 为强心利尿的注射药。也是重要的育种资源。

【致危分析】葛枣猕猴桃为山东省稀有植物，资源量较少，常分布于灌丛、林缘，易受森林抚育等林业生产干扰。

【保护措施】就地保护，加强对其生境的保护，加大宣传教育和管理力度。

群落　　　　　　　　　　　植株

枝叶　　　　　　果枝　　　　　花

15　狗枣猕猴桃 Actinidia kolomikta（Maxim. & Rupr.）Maxim.

【**别名**】深山木天蓼

【**科属**】猕猴桃科 Actinidiaceae，猕猴桃属 *Actinidia*

【**形态概要**】落叶藤本；小枝紫褐色，髓褐色，片层状。叶阔卵形、长方卵形至长方倒卵形，长 6～15 cm，宽 5～10 cm，顶端急尖至短渐尖，基部心形，稀圆形至截形，两侧不对称，边缘有单锯齿或重锯齿，两面近同色，上部往往变为白色，后渐变为紫红色，侧脉 6～8 对。聚伞花序，雄性的有花 3 朵，雌性的通常 1 花，花序柄和花柄纤弱，花序柄长 8～12 mm，花梗长 4～8 mm，苞片钻形，不及 1 mm。花白色或粉红色，芳香，直径 15～20 mm；萼片 5，长方卵形，

分布

长 4～6 mm，两面被有极微弱的短绒毛，边缘有睫状毛；花瓣 5，长方倒卵形，长 6～10 mm；花丝长 5～6 mm，花药黄色，长约 2 mm；子房圆柱状，长约 3 mm，无毛。果柱状长圆形、卵形或球形，有时扁，长达 2.5 cm，无毛，无斑点，成熟时淡橘红色，并有深色纵纹；果熟时花萼脱落。花期 5～6 月；果熟期 9～10 月。

【**生境分布**】分布于烟台（昆嵛山）等地，生于沟谷林缘及疏林中。

【**保护价值**】狗枣猕猴桃是重要的野生果树资源，果实可食用。

【**致危分析**】狗枣猕猴桃为山东省稀有植物，资源量较少，易受森林抚育等林业生产干扰。

【**保护措施**】就地保护。开展繁育生物学研究，加强对其繁殖、种子扩散、萌发等机制的研究。

枝叶

植株　　　　　　　　　花序　　　　　　　　　果实

二、山东省特有树种

1 山东栒子 Cotoneaster schantungensis G. Klotz

【科属】蔷薇科 Rosaceae，栒子属 Cotoneaster

【形态概要】落叶灌木，高达 2 m；小枝细瘦，幼时密被灰色柔毛，后脱落无毛，红褐色或灰褐色。叶片纸质，宽椭圆形或宽卵形，有时倒卵形，稀近圆形，长 2～3.5 cm，宽 1.5～2.4 cm，先端多圆钝或微凹，稀有短尖，基部宽楔形至圆形，上面初有柔毛，以后脱落，下面初时密被柔毛，以后减少，侧脉 3～5 对稍突起；叶柄长 2～4.5 mm，微有柔毛；托叶披针形，长 1～2 mm，有柔毛，部分宿存。花序有花 3～6 朵，总花梗和花梗有柔毛，以后脱落近于无毛；萼筒具稀疏柔毛；萼片宽三角形。果实倒

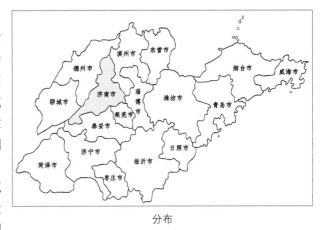

分布

卵形，长 6～8 mm，深红色，有稀疏柔毛或几无毛，2 小核。花期 5 月；果期 8～9 月。

【生境分布】分布于济南南部石灰岩山地，生于海拔 400～500 m 的黄栌、鹅耳枥林间。成年个体约有 400 株。模式标本采自济南龙洞。

【保护价值】山东栒子与西北栒子近缘，但叶片、总花梗、花梗和萼筒被毛较少，在栒子属系统分类研究中具有重要学术价值。果实红艳，可栽培观赏。

【致危分析】山东栒子仅产于济南，属于极小种群物种，已处于濒危状态，影响了种群自然繁衍；也受到森林抚育等林业生产活动和旅游影响。

【保护措施】立即进行就地保护，对已知分布点严格保护，加大管理力度；对林业工人和周边群众加大宣传教育工作，防止人为破坏；开展繁育生物学研究，探求濒危机制，扩大种群数量。

生境   幼苗

2　山东山楂 Crataegus shandongensis F. Z. Li & W. D. Peng

【科属】蔷薇科 Rosaceae，山楂属 Crataegus

【形态概要】落叶灌木，高 1～2 m；有枝刺。叶片倒卵形或长椭圆形，长 4～8 cm，宽 2～4 cm，顶端渐尖，基部楔形，边缘上部 3 裂，稀 5 裂或不裂，中部以上具不规则重锯齿，上面仅中脉被稀疏白色柔毛，下面被疏柔毛，沿脉较密；叶柄长 1.5～4 cm，具狭翅；托叶革质，镰状，边缘具腺齿，脱落。复伞房花序，长达 4 cm，直径约 8 cm，有花 7～18 朵；花梗和花序梗被白色柔毛。花径约 2 cm，苞片线状披针形，边缘具腺齿，早落，长 2～3 mm，萼筒外面被白色柔毛或近无毛；萼片 5，三角形，顶端

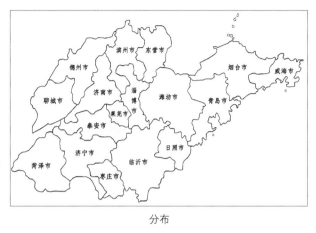

分布

尾状渐尖，与萼筒近等长，外面被白色柔毛，内面顶端被白色柔毛，在果期反折，宿存；花瓣 5，白色，近圆形或倒卵状圆形，长约 6 mm；花柱 5，基部被白色柔毛。果实球形，直径 1～1.5 cm，红色，具有 5 个核，核两侧平坦，背部具一浅沟槽。花期 4～5 月；果期 9～10 月。

【生境分布】分布于泰安（泰山）、枣庄（抱犊崮）等地，生于海拔 200～700 m 山坡灌丛。模式标本采自泰山经石峪附近。

【保护价值】山东山楂为山东省特有植物，资源量较少，具有重要的科研价值。也是栽培山楂育种的重要野生种质资源，还可栽培观赏。

【致危分析】分布区片段化，生境恶劣，种群繁衍困难；易遭受放牧、农林生产、旅游等干扰。

【保护措施】对发现的种群进行就地保护，以其为中心设立较大面积的重点保护区域，加强对其潜在分布区的保护。开展繁育生物学研究，探求濒危机制。

枝叶　　　　花枝

花序局部示花萼　　　　花

3 崂山梨 Pyrus trilocularis D. K. Zang & P. C. Huang

【科属】蔷薇科 Rosaceae，梨属 *Pyrus*

【形态概要】落叶小乔木，高 4～10 m。小枝光滑无毛，灰褐色至紫褐色。叶片卵状披针形，长 10～15 cm，宽 3～5 cm，边缘有波状钝锯齿，上面光滑无毛，下面微被长柔毛；叶柄纤细，长 4～5 cm，微被长柔毛。伞房花序，有花 8～10 朵；花白色，子房 3 室，偶 4 室。梨果近球形，直径 1.5～2.5 cm，子房 3（4）室，花萼在果期宿存，萼裂片向外反曲，外面光滑，内面密被绒毛。花期 4 月；果期 9～10 月。

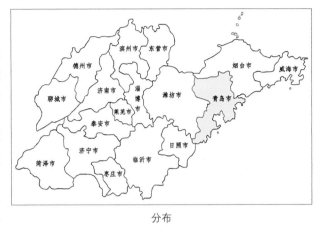

分布

【生境分布】分布于青岛（崂山），生于海拔 300～600 m 的赤松林下和沟边灌丛中，伴生树种主要有刺楸、水榆花楸、山樱花、白檀、胡枝子等。模式标本采自崂山上清宫海拔 250 m 左右沟谷灌丛中。

【保护价值】崂山梨为山东省特有植物，形态上介于宿萼类群和脱萼类群之间，在梨属的系统演化研究中具有重要价值，也是培育梨品种的重要野生资源。

【致危分析】崂山梨为濒危物种，分布区片段化，生境恶劣，种群小，自然更新能力较弱。现仅知明霞洞和上清宫 2 个地点，生于沟边灌丛或赤松林中，其生境和植株本身均受到森林抚育和旅游等干扰。

【保护措施】立即进行就地保护，在该树种周围设立保护点。加大管理力度，对周边群众加大宣传教育工作。加强对其繁殖、萌发等机制的研究，提高种群数量。

枝叶

果枝

植株

果实

4 泰山椴 Tilia taishanensis S. B. Liang

【科属】椴树科 Tiliaceae，椴树属 *Tilia*

【形态概要】落叶乔木，高达 20 m。枝、芽无毛。叶片近圆形或宽卵形，长 5～8 cm，宽 5～7 cm，先端突尖，基部浅心形或斜截形，叶缘有尖锯齿，上面无毛，下面脉腋有褐色簇生毛；侧脉 7～8 对；叶柄长 3～7 cm，无毛。聚伞花序，长 8～13 cm，有花可多达 50～200 朵；花萼长卵形，长 4～5 mm，两面被柔毛；花瓣长椭圆形，长 7～8 mm；退化雄蕊存在；苞片狭矩圆形，长 5～8 cm，宽 1～1.2 cm，先端钝，基部卵形，无柄，无毛。子房球形，密生白色绒毛。果实倒卵形，长 5～8 mm，直径 3～5 mm，密生褐色短柔毛，具明显 5 棱。花期 6～7 月；果期 9～10 月。

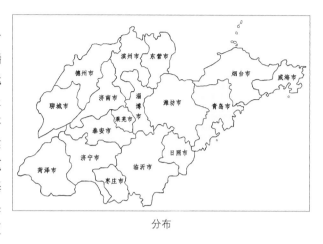

分布

【生境分布】分布于泰安（泰山）、青岛（黄岛），在泰山生于海拔 1200～1400 m 的山谷杂木林中。模式标本采自泰山判官岭海拔 600 m 左右，仅为一孤立大树。

【保护价值】泰山椴为山东省特有植物，资源量较少，具有重要的科研价值，也是重要的蜜源植物。

【致危分析】分布地点为旅游热点地区，旅游开发使其生境遭受一定程度的破坏，对种群更新具有较大影响。幼树、幼苗易遭受放牧、森林抚育等人为干扰。

【保护措施】就地保护，在泰山后石坞一带划定一定范围的保护点，加强对其生境的保护；开展繁育生物学研究，探求濒危机制。

群落

果枝

幼苗

5　五莲杨 Populus wulianensis S. B. Liang & X. W. Li

【科属】杨柳科 Salicaceae，杨属 *Populus*

【形态概要】落叶乔木，高达 12 m。树皮灰绿色或灰白色，老时树干基部浅纵裂，灰黑色，皮孔菱形。1 年生枝赤褐色，圆柱形，初被短柔毛，后变光滑。芽圆锥形或卵状圆锥形，微具黏质。短枝叶卵圆形或三角状卵形，长 4～7 cm，宽 4～7 cm，先端短尖，基部心形、浅心形，边缘具细锯齿，两面无毛。萌枝及长枝叶矩圆状卵形，长 9～13 cm，宽 7～11 cm，先端突尖，基部浅心形或近截形，具细锯齿，齿端有腺。幼叶淡红褐色，两面具柔毛。叶柄侧扁，先端具 2 个杯状腺体。雌花序长 4～8 cm；花序轴具柔毛；

分布

子房无毛，柱头 4 裂；苞片扇形，长 4～6 mm，条裂，边缘具白色长缘毛。果序长 5～8 cm。蒴果长卵形，2 瓣裂，无毛。花期 3～4 月；果期 5 月。

【生境分布】分布于日照（五莲山）、烟台（昆嵛山），生于山沟杂木林中，散生或形成片林，伴生种有辽东栎木、麻栎等树种。模式标本采自五莲山海拔 500 m 左右山坡。

【保护价值】五莲杨是山东省特有植物，形态上介于山杨（*Polulus davidiana*）与响叶杨（*Polulus adenopuda*）之间，对于研究杨属的分类和地理分布于具有较大意义。也是用材树种，木材可供家具、建筑和造纸之用。

【致危分析】五莲杨在昆嵛山分布于二林区，此区域属于国家级保护区，现有种群保护良好，未见人为破坏。但观察发现，其雌雄比例严重失调，雄株数量远远多于雌株，仅在雌株附近发现有少量幼苗，扩散能力和自我更新能力不强。

【保护措施】该物种分布范围极其狭窄，除做好就地保护工作外，还需要开展以下工作：对其遗传结构、繁育系统和过程及生态学特征进行研究，探明影响其繁殖和扩散的原因，为保护该资源提供科学依据；对其进行引种、人工繁殖方面的研究，选择合适的山区环境进行栽培，扩大其分布区，增加种群多样性，改善其遗传结构。

群落

群落内部

枝叶

果枝

根蘖苗

6 蒙山鹅耳枥 Carpinus mengshanensis S. B. Liang & F. Z. Zhao

【科属】桦木科 Betulaceae，鹅耳枥属 *Carpinus*

【形态概要】落叶小乔木，高 5～8 m；树皮灰褐色，粗糙，不裂；小枝紫红色，近无毛，具椭圆形小皮孔。叶卵状披针形，纸质，长 3.5～6 cm，宽 2～3 cm，先端渐尖，基部楔形或近圆形，边缘具较深的重锯齿，上面无毛，下面沿脉被长柔毛，脉腋具髯毛，侧脉 10～12 对，叶柄长 1～2 cm，被短柔毛。果序长 3～5 cm，序梗长 2～3 cm，序梗及序轴被短柔毛；果苞长椭圆状矩圆形，先端尖，长 15～20 mm，宽 3～5 mm，无毛，内侧基部微内折或具耳突，外侧基部全缘或具一长 2～3 mm 的裂

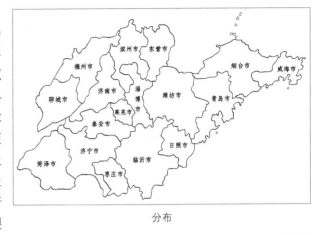

分布

片，中裂片狭长椭圆形，长约 15 mm，先端锐尖，内侧全缘，外侧稀具 1～2 小齿。小坚果宽卵形，长约 4 mm，顶端被柔毛，上部有时疏生树脂腺体。

【生境分布】分布于临沂（蒙山）。模式标本采自蒙山（平邑）海拔 750 m 左右的阳坡。

【保护价值】蒙山鹅耳枥为山东省特有植物，具有重要的科研价值，资源量较少。也可作园林绿化树种。

【致危分析】分布区受到农林生产、旅游等干扰，且与鹅耳枥近缘，易被误认为鹅耳枥而遭受采挖，目前数量已很少。

【保护措施】加强调查，对发现的种群进行就地保护，以其为中心设立较大面积的重点保护区域，加强对其潜在分布区的保护。

植株

果枝

果枝

7 鲁中柳 Salix luzhongensis X. W. Li & Y. Q. Zhu

【科属】杨柳科 Salicaceae，柳属 Salix

【形态概要】落叶灌木，高 2～4 m。枝条灰绿色或灰褐色，皮孔圆形；2 年生枝灰褐色或黄褐色，密被灰色绒毛或部分脱落；当年生枝密被灰色绒毛。芽卵形，密被灰色绒毛。叶互生，倒披针形、条状倒披针形，长 6～13 cm，宽 1～2 cm，先端短渐尖、渐尖，基部楔形，边缘具腺齿，上面深绿色，背面苍白色；幼叶两面密被灰色绒毛；成熟叶背面密被灰色绒毛或部分脱落；叶柄长 0.5～1 cm，密被灰色绒毛；托叶披针形，被灰色绒毛，边缘具腺齿，短于叶柄或与叶柄近等长。柔荑花序与叶同放或先于

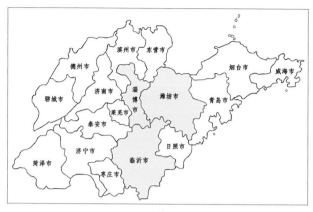

分布

叶开放，长 2～4 cm，径 0.5～1 cm，基部具 2～3 苞叶；苞片倒卵状椭圆形或倒卵状圆形，长 2 mm，淡褐色或上部近黑色、下部淡褐色，两面被长柔毛；腺体 1，腹生；雄蕊 2，花丝完全合生，长 4 mm，基部具短柔毛，花药 4 室，红色；子房卵状圆锥形，密被灰色绒毛，近无柄，花柱长 0.5 mm，为子房的 1/3～1/4，柱头 2～4 裂，红色。花期 4 月；果期 5 月。

【生境分布】分布于淄博（鲁山）、临沂（蒙山）、潍坊（沂山），生于海拔 500～900 m 的落叶阔叶林林下河谷潮湿地，散生于片林和灌木丛中。模式标本采自鲁山海拔 800 m 左右的地带。

【保护价值】鲁中柳是山东省特有植物，对于研究山东植物区系具有学术价值。枝条可用于编织。

【致危分析】鲁中柳数量稀少，在森林抚育中常被作为杂木清除。当地生境在历史上经常受到人为干扰，如樵采及采条编筐等，也受到旅游等方面的影响。

【保护措施】开展全面深入研究，掌握鲁中柳资源现状，划定保护点，进行就地保护。

植株

雌花序

雄花序

8　泰山花楸 Sorbus taishanensis F. Z. Li & X. D. Chen

【科属】蔷薇科 Rosaceae，花楸属 Sorbus

【形态概要】落叶小乔木，高 5～6 m，小枝灰褐色，具稀疏皮孔，嫩枝红褐色，光滑无毛；冬芽长卵形，先端渐尖，外被数枚暗红色鳞片，先端被白色柔毛。奇数羽状复叶，连同叶柄长 15～25 cm，叶柄长 3～6 cm，小叶片 5～6 对，基部 1 对和顶端 1 对稍小；小叶长圆形，长 4～6 cm，宽 2～2.5 cm，先端渐尖，基部圆形，两侧不对称，边缘自基部 1/3 以上有锐锯齿，上面绿色，无毛，下面沿主脉被白色柔毛，后脱落；侧脉 9～12 对，上面微凹陷，下面隆起，在小叶片的基部生有 1～2 片小叶；叶轴幼时

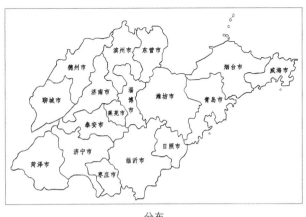

分布

疏被柔毛，后脱落近无毛；托叶草质，半圆形，有粗锯齿，通常脱落。复伞房花序顶生，长 10～12 cm，宽 15～20 cm，花梗长 1～3 cm；总花梗和花梗幼时疏被白色柔毛，后近无毛。花直径约 10 mm；萼筒钟状，萼齿 5 个，三角形，外面无毛，内面微被柔毛，花瓣 5 片，白色，卵圆形，长宽近相等，先端圆钝，内面中部被白色长柔毛；雄蕊 25 条，等长或略短于花瓣，花柱 5 条，短于雄蕊，基部被白色柔毛。果实长圆球形，长 7～9 mm，宽 5～6 mm，红色，先端具宿存闭合的萼片，向下凹陷。花期 5 月中旬；果期 9～10 月。

【生境分布】分布于泰安（泰山）。模式标本采自泰山海拔 1200 m 的山坡沟边。

【保护价值】泰山花楸花序硕大，果实秋季变红，极为优美，是优良的观赏植物。

【致危分析】泰山花楸仅存 2 株，生于沟边，极易因人工干扰、自然灾害等影响而灭绝，急需保护。

【保护措施】就地保护仅有植株，加强人工繁育研究，采种育苗，扩大种群数量。

植株

9　胶东椴 Tilia jiaodongensis S. B. Liang

【科属】椴树科 Tiliaceae，椴树属 *Tilia*

【形态概要】落叶乔木。枝、芽无毛。叶卵圆形，长 5~8 cm，宽 5~7 cm，先端突尖，基部心形或浅心形，边缘具锐锯齿，不分裂，齿长 2~3 mm，齿距 3~4 mm，上面无毛，下面脉腋有褐色簇生毛，侧脉 6~7 对，叶柄长 3~5 cm，无毛。聚伞花序长 6~13 cm，无毛，有花（20）40~100 朵；小花梗长 3~7 mm，具 4 棱；苞片倒披针形，长 5~9 cm，宽 0.8~1.5 cm，先端钝，基部歪斜楔形，两面无毛，柄长 1~2 cm；花序每个分枝基部具宿存小苞片，卵状披针形至椭圆状披针形，长 0.3~3 cm，

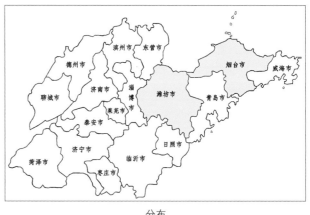

分布

宽 0.2~1 cm，两面密生褐色星状毛，小苞片从基部到先端逐渐缩小，小花柄基部有 3~4 枚轮生的小苞片，花萼长卵形，长 4~5 mm，外被星状毛，内面上部疏生星状毛，下部密生白色长毛；花瓣倒卵形，长 4~5 mm，无毛，退化雄蕊呈花瓣状，较短；子房卵形，无毛，具明显 5 棱，花柱短。果近球形，微具 5 棱，直径约 0.5 cm，密生褐色短绒毛。花期 6 月；果期 9 月。

【生境分布】分布于烟台（昆嵛山）、潍坊（沂山），生于沟谷杂木林中。模式标本采自昆嵛山海拔 600 m 的阳坡。

【保护价值】胶东椴是山东省特有植物，数量稀少、形态奇特，聚伞花序有花较多，花序分枝基部具宿存小苞片。木材可作家具、胶合板。为蜜源植物。

【致危分析】胶东椴分布范围狭窄，数量少，当地生境在历史上经常受到人为干扰，如樵采、旅游等。

【保护措施】严格保护现有植株，扩大繁殖，用于补充和恢复野外种群。

生境

植株

枝叶

花枝

果枝

10 少叶花楸 Sorbus hupehensis var. paucijuga(D. K. Zang & P. C. Huang)L. T. Lu

【科属】蔷薇科 Rosaceae，花楸属 *Sorbus*

【形态概要】落叶乔木，高 5～10 m，小枝灰白色或灰褐色，嫩枝光滑无毛；冬芽长卵形，先端被白色柔毛。奇数羽状复叶，小叶一般仅 3～4 对，叶片宽，长圆形，长 4～5 cm，宽 2～3 cm，先端渐尖，基部圆形，侧生小叶基部两侧极不对称，边缘自基部以上有锐锯齿，上面绿色，无毛，下面苍白色，沿脉有柔毛或变无毛；侧脉 9～14 对，上面微凹陷，下面隆起；托叶草质，线形或狭披针形，早落。复伞房花序顶生，直径 15～20 cm，花梗长 0.5～0.8 cm；总花梗、花梗、花萼外面无毛，稀幼时被微毛。花直径

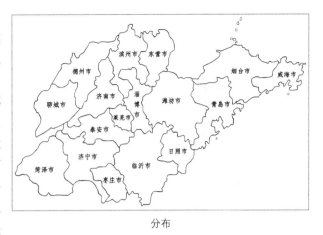

分布

10～15 mm；萼筒钟状，萼齿三角形，花瓣 5，白色，近圆形，勺状，基部有爪，无毛或内面基部疏被柔毛；雄蕊等长或略短于花瓣，花柱 3～4，短于雄蕊，中部以下合生，基部被白色柔毛。果实卵圆形或椭圆形，长 7～8 mm，宽 4～6 mm，红色，花萼宿存。花期 5 月；果期 9～10 月。

【生境分布】分布于青岛（崂山），生于海拔 300～1000 m 的山坡沟边、林缘。模式标本采自崂山北九水海拔 300 m 附近。

【保护价值】少叶花楸是山东省特有植物，花色洁白，果实红艳，是优良的观赏树木，可栽培观赏。

【致危分析】本种多分布于水边溪畔，对水分条件要求较高，限制了其种群扩散；森林抚育中常被作为杂木清除。

【保护措施】在分布集中的区域建立保护点，就地保护。

植株

花枝

果枝

11 崂山鼠李 Rhamnus laoshanensis D. K. Zang

【科属】鼠李科 Rhamnaceae，鼠李属 *Rhamnus*

【形态概要】落叶灌木，高 2.5 m；小枝紫褐色至灰褐色，互生，枝端具刺，当年生枝密生黄色柔毛，1 年生枝无毛。叶纸质，互生或在短枝簇生，狭椭圆形，长 1.5～3.5 cm，宽 0.7～1.5 cm，先端渐尖或圆钝，基部楔形至狭楔形，边缘具浅细锯齿，上面密生短柔毛，下面干后变黄并密生短柔毛；侧脉 4～6 脉，上面凹下，下面隆起，网脉明显；叶柄长 0.6～1.4 cm，密被短柔毛。花簇生于短枝顶端；花梗长 2～3 mm，密被短柔毛；花萼浅钟形，4 裂，裂片三角形；花柱2 深裂，柱头膨大，子房及花柱密生短柔毛。核果卵

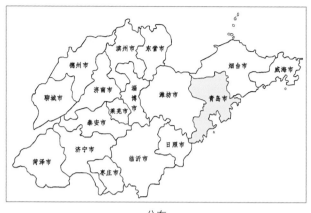

分布

球形或近球形，径 5～6 mm，具 2 分核，幼时被短毛后变无毛；果梗长 5～6 mm，萼筒及果梗密被短柔毛。种子倒卵形，长 4～4.5 mm，背侧种沟开口，长度为种子全长的 3/4 左右。花期 4～5 月；果期 8～9 月。

【生境分布】分布于青岛（崂山、田横岛）。模式标本采自崂山明霞洞海拔 480 m 附近的向阳山坡或灌丛中。

【保护价值】崂山鼠李为山东省特有植物，与皱叶鼠李相近，但叶片狭椭圆形，较小，对于研究鼠李属的地理分布和系统演化具有一定价值。也是优良的水土保持灌木。

【致危分析】崂山鼠李为稀有植物，数量少，影响了其种群繁育；也常因樵采等人为活动而被破坏。

【保护措施】就地保护，加强对其生境的保护，还应保护其潜在分布区，加大宣传教育和管理力度，严禁采挖，开展繁育生物学研究。

枝叶

果枝

枝叶

叶背面

12　单叶黄荆 Vitex negundo var. simplicifolia（B. N. Lin & S. W. Wang）D. K. Zang & J. W. Sun

【科属】马鞭草科 Verbenaceae，牡荆属 *Vitex*

【形态概要】落叶灌木，高达 2 m。小枝四棱形，密生白色绒毛。单叶，卵形或卵状披针形，长 2~3.5 cm，宽 1~2 cm，上面无毛，下面密生灰白色绒毛，先端渐尖或尾状，基部圆形或宽楔形，全缘，有时上部有粗锯齿。聚伞花序排成圆锥花序状，顶生，长 4~8 cm，花序梗密生灰白色绒毛；萼钟状，5 齿裂；花冠淡紫色，长 6~8 mm，5 裂，2 唇形，下唇中裂片较大、勺形，外面密生短绒毛，冠筒内下侧密生长柔毛；雄蕊 1~2 个，伸出花冠筒外，花药紫黑色；子房无毛。核果近球形，径约 2 mm，萼宿存。花期 7~9 月；果期 8~10 月。

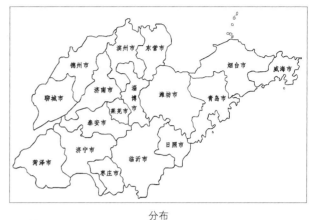

分布

【生境分布】分布于济南（长清灵岩寺、平阴），生于海拔 100 m 左右的山坡灌丛中。模式标本采自长清苏庄海拔 80 m 附近的山坡。

【保护价值】单叶黄荆为山东省特有植物，具有重要的科研价值，资源量较少。可为蜜源植物，也具有重要的药用价值。

【致危分析】单叶黄荆个体数量极少，种群繁衍困难。现仅发现 2 株，生于低海拔山坡灌丛，极易遭受放牧、农林业生产等人为干扰。

【保护措施】对发现的种群严格进行就地保护，以其为中心设立较大面积的重点保护区域，加强对其潜在分布区的保护。加大宣传教育和管理力度，严禁采挖，开展繁育生物学研究，探求濒危机制，加强对其繁殖、种子扩散、萌发等机制研究，提高种群数量。

植株

花枝

13 山东柳 *Salix koreensis* var. *shandongensis* C. F. Fang

【科属】杨柳科 Salicaceae，柳属 *Salix*

【形态概要】落叶乔木或灌木。树皮暗灰色，纵裂；树冠广卵形；小枝褐绿色，有毛或无毛。单叶，互生；叶片披针形、卵状披针形或长圆状披针形，长5～13 cm，宽1～1.8 cm，先端渐尖，基部楔形，边缘锯齿有腺体，上面绿色，近无毛，下面苍白色，有绢质柔毛，后无毛；叶柄长0.5～1.5 cm，初有短柔毛；托叶卵状披针形，先端长尾尖，缘有锯齿。花序先叶开放，近无梗；雄花序长1～3 cm，粗6～7 mm，基部有3～5小叶，花序轴有毛，雄蕊2，花丝下部有长毛，有时基部合生，花药红色，

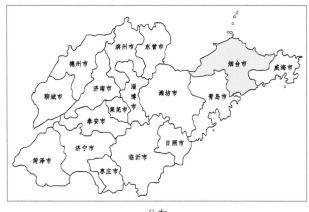

分布

苞片状长圆形，先端急尖，淡黄绿色，两面有毛或上面近无毛，腺体2，腹生和背生各1；雌花序长1～2 cm，基部有3～5小叶，雌蕊1，子房上位，卵圆形，有柔毛，无柄，花柱短，等于子房长的1/3～1/2，柱头2～4裂，红色，苞片宽卵形，先端急尖或钝，外面有柔毛，上部近无毛，淡绿色，腺体2，腹生和背生各1，有时背腺缺。花期5月；果期6月。

【生境分布】分布于烟台（昆嵛山），生于河边及山坡湿润处。模式标本采自昆嵛山。

【保护价值】山东柳是山东省特有植物，数量稀少。

【致危分析】山东柳分布范围狭窄，数量稀少，且当地生境在历史上经常受到人为干扰，如樵采及采条编筐等，近年受到旅游等方面的影响。

【保护措施】该种自发表以来没有进行过相关研究，本次调查亦未发现。首先应加强资源调查，掌握现有资源现状，为保护资源提供科学依据；对发现的分布点进行严格保护。

标本（引自CVH）   标本（引自CVH）

三、山东省珍贵稀有树种

1 葛萝槭 Acer davidii subsp. grosseri（Pax）P. C. de Jong

【科属】槭树科 Aceraceae，槭属 *Acer*

【形态概要】落叶乔木。树皮光滑，淡褐色。小枝无毛，细瘦，当年生枝绿色或紫绿色，多年生枝灰黄色或灰褐色。叶纸质，卵形，长 7～9 cm，宽 5～6 cm，边缘具密而尖锐的重锯齿，基部近于心脏形，5 裂；中裂片三角形或三角状卵形，先端钝尖，有短尖尾；侧裂片和基部的裂片钝尖，或不发育；上面深绿色，无毛；下面淡绿色，嫩时在叶脉基部被有淡黄色丛毛，渐老则脱落；叶柄长 2～3 cm，细瘦，无毛。花淡黄绿色，单性，雌雄异株，常呈细瘦下垂的总状花序；萼片 5，长圆卵形，先端钝尖，长 3 mm，宽 1.5 mm；花瓣 5，倒卵形，长 3 mm，宽 2 mm；雄蕊 8，长 2 mm，无毛，在雌花中不发育；花盘无毛，位于雄蕊的内侧；子房紫色，无毛，在雄花中不发育；花梗长 3～4 mm。翅果嫩时淡紫色，成熟后黄褐色；小坚果长 7 mm，宽 4 mm，略微扁平；翅连同小坚果长约 2.5 cm，宽 5 mm，张开呈钝角或近于水平。花期 4 月；果期 9 月。

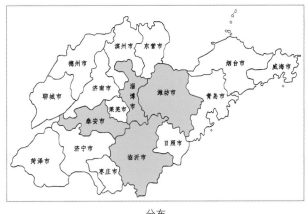

分布

【生境分布】分布于鲁中南山地，见于泰安、临沂、潍坊、淄博等地，生于山坡疏林中及溪边湿润的疏松土壤中。

【保护价值】树皮奇特，观赏价值高；树皮纤维较长，又含丹宁，可作工业原料。

【致危分析】葛萝槭为山东省稀有树种，目前残存于部分山区沟谷，分布区片段化明显，生境恶劣，种群繁衍较困难，并经常遭受采挖。

【保护措施】就地保护，严禁采挖；加强对其繁殖、萌发等机制的研究，提高种群数量。

植株　　　　　　　　　　　　　　　群落中的幼苗

2 苦茶槭 *Acer tataricum* subsp. *theiferum*（W. P. Fang）Y. S. Chen & P. C. de Jong

【科属】槭树科 Aceraceae，槭属 *Acer*

【形态概要】落叶灌木，高约 2 m。叶片为薄纸质，卵形或椭圆状卵形，不分裂或具极不明显的 3～5 裂，长 5～8 cm，宽 2.5～5 cm，边缘有不规则的锐尖重锯齿，下面有白色疏柔毛。花杂性，伞房花序圆锥状，顶生，长 3 cm，有白色疏柔毛；子房有疏柔毛。翅果较大，长 2.5～3.5 cm，张开近于直立或呈锐角，果核两面突起。花期 5 月；果期 9 月。

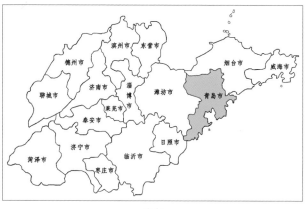

分布

【生境分布】分布于青岛（崂山），生于海拔 230 m 的溪边疏林中。

【保护价值】山东省是苦茶槭分布的北界。树皮、叶和果实都含鞣质，可提制栲胶，又可为黑色染料；树皮的纤维可作人造棉和造纸的原料；嫩叶烘干后可代替茶叶用，有降低血压的作用，又为夏季丝织工作人员一种特殊饮料，服后汗水落在丝绸上，无黄色斑点。

【致危分析】苦茶槭为山东省珍贵稀有树种，个体数量极少，成年植株仅约 20 株。分布地点常受到林业生产和旅游等干扰，生境遭受一定程度的破坏，对种群更新具有较大影响。

【保护措施】对发现的种群进行就地保护，以其为中心设立较大面积的重点保护区域，加强对其潜在分布区的保护。

植株

果实

果枝

3 楤木 Aralia elata（Miq.）Seem.

【科属】五加科 Araliaceae，楤木属 *Aralia*

【形态概要】落叶灌木或小乔木，高 2～5 m。树皮灰色，疏生粗壮直刺；小枝有黄棕色绒毛，疏生细刺。2～3 回羽状复叶，长 60～110 cm；叶柄粗壮；托叶与叶柄基部合生，叶轴无刺或有细刺；羽片有小叶 5～11，稀 13，基部有小叶 1 对；小叶纸质至薄革质，长卵形至阔卵形，长 5～12 cm，宽 3～8 cm，先端渐尖或短渐尖，基部圆形，上面粗糙，疏生糙毛，下面有淡黄色或灰色短柔毛，边缘有锯齿，侧脉 7～10 对。圆锥花序长 30～60 cm；分枝长 20～35 cm，密生淡棕色或灰色短柔毛；伞形花序直径 1～1.5 cm，总花梗

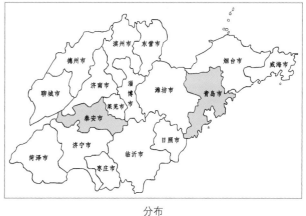

分布

长 1～4 cm，密生短柔毛，花梗长 1～6 mm，密生短柔毛；花白色，芳香；萼无毛，长约 1.5 mm；花瓣 5，卵状三角形，长 1.5～2 mm；雄蕊 5，花丝长约 3 mm；子房 5 室；花柱 5，离生或基部合生。果实球形，黑色，直径约 3 mm，5 棱；宿存花柱长 1.5 mm。花期 7～9 月；果期 9～12 月。

【生境分布】分布于青岛（崂山）、泰安（泰山），生于沟边、灌丛或林缘。

【保护价值】楤木为常用的中草药，有镇痛消炎、祛风行气、祛湿活血之效，根皮治胃炎、肾炎及风湿疼痛，亦可外敷刀伤。幼叶可食。

【致危分析】楤木为山东省珍贵稀有树种，数量稀少，幼叶常遭采摘而被破坏；多生于沟边，也因山洪等自然灾害而受破坏。

【保护措施】就地保护，加强现有分布点的保护；采种育苗，扩大种群数量。

植株

4 无梗五加 Eleutherococcus sessiliflorus（Rupr. & Maxim.）S. Y. Hu

【科属】五加科 Araliaceae，五加属 Eleutherococcus

【形态概要】落叶灌木或小乔木，高 2～5 m。树皮暗灰色，枝无刺或疏生刺。掌状复叶；小叶 3～5，倒卵形或长圆状倒卵形至长圆状披针形；长 8～18 cm，宽 3～7 cm，先端渐尖，基部楔形，边缘有不整齐锯齿，侧脉 5～7 对，两面无毛；小叶柄长 2～10 mm。头状花序紧密，球形，直径 2～5 cm，花多数；5～6 个稀 10 个头状花序组成顶生圆锥花序或复伞房花序，总梗密生短柔毛；花无梗；萼密生白绒毛，边缘有 5 小齿；花瓣 5，卵形，浓紫色；子房 2 室，花柱合生成柱状，柱头离生。浆果倒卵形，黑色，稍有棱，宿存花柱长达 3 mm。花期 8～9 月；果期 10～11 月。

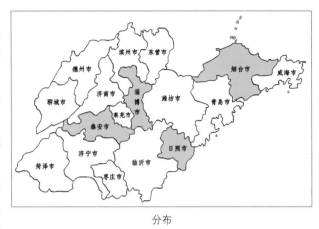

分布

【生境分布】分布于淄博（鲁山）、烟台（昆嵛山）、日照（五莲山）、泰安（徂徕山），生于山谷杂木林下。生长环境一般在向阳较潮湿的山谷中，土层深厚肥沃，排水良好，土壤为酸性的冲积土或砂质壤土。

【保护价值】无梗五加根皮亦称"五加皮"，入药，是山东省珍贵稀有树种，数量稀少。

【致危分析】无梗五加分布范围狭窄，生境在历史上经常受到人为干扰，且其分布区域主要为旅游区，分布点均在主要旅游线路边上，极易受到破坏。种子量较大，但发育程度差，成实率低，种皮、果皮中可能含有抑制萌发的物质，种子萌发率很低，可能是珍稀濒危的主要原因。

【保护措施】就地保护，并在原产地结合同其他物种的关系，为无梗五加创造适宜的生境，建立良好的种间和种内生态关系，利于其生长和天然更新；对无梗五加开展全面深入的研究，加强生物学特性、生态特性尤其是繁殖生物学的研究，掌握濒危机制。

幼果枝 花枝 植株 枝叶 成熟果实

5　北京小檗 Berberis beijingensis T. S. Ying

【科属】小檗科 Berberidaceae，小檗属 Berberis

【形态概要】落叶灌木，高约 1 m。枝具棱槽，无毛，具稀疏黑色疣点；茎刺单生，偶三分叉，长 5～8 mm，腹面具浅槽。叶薄纸质，狭倒披针形，长 1～4 cm，宽 3～6 mm，先端急尖，基部渐狭，上面绿色，背面淡绿色，无毛，不被白粉，两面侧脉和网脉明显隆起，叶缘平展，全缘；近无柄。圆锥花序具花 15～30 朵，长 3～7 cm，包括总梗长 1～1.5 cm，无毛；苞片披针形，长 2～3.5 mm；花梗长 2～5 mm，光滑无毛；花黄色；小苞片披针形，长约 2 mm；萼片 2 轮，外萼片椭圆形，长 2～2.5 mm，宽 1～1.3 mm，内萼片倒

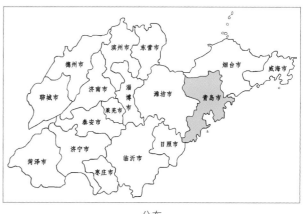

分布

卵形，长 3～3.5 mm，宽 1.5～1.8 mm；花瓣椭圆形，长 3～3.2 mm，宽 1.2～1.5 mm，先端全缘，基部楔形，具 2 枚分离腺体；雄蕊长约 2.1 mm，药隔不延伸，先端平截；胚珠单生，具柄。花期 5～6 月。

【生境分布】据《中国植物志》记载，分布于青岛（崂山），生于低海拔的山坡灌丛中。

【保护价值】北京小檗仅分布于山东和河北，但两省近年的调查中均未发现。本种是细叶小檗（Berberis poiretii）的近缘种，应具有较大的药用价值；也可作蜜源植物和观赏植物。

【致危分析】对北京小檗了解较少。北京小檗外形极近细叶小檗，但具圆锥花序，花瓣先端全缘。

【保护措施】进一步调查，掌握北京小檗的资源现状，对发现的种群进行就地保护，以其为中心设立较大面积的重点保护区域，加强对其潜在分布区的保护。

墨线图　　　　　　　　　　　　　　　　标本（引自 CVH）

6 坚桦 Betula chinensis Maxim.

【别名】杵榆

【科属】桦木科 Betulaceae，桦木属 *Betula*

【形态概要】落叶灌木或小乔木；高 2～5 m；树皮黑灰色，纵裂或不开裂；枝条灰褐色或灰色，无毛；小枝密被长柔毛。叶厚纸质，卵形、宽卵形，较少椭圆形或矩圆形，长 1.5～6 cm，宽 1～5 cm，顶端锐尖或钝圆，基部圆形，有时为宽楔形，边缘具不规则的齿牙状锯齿，上面深绿色，幼时密被长柔毛，后渐无毛，下面绿白色，沿脉被长柔毛，脉腋间疏生髯毛，无或沿脉偶有腺点；侧脉 8～9（～10）对；叶柄长 2～10 mm，密被长柔毛，有时多少具树脂腺体。果序单生，直立或

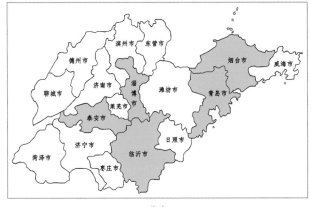

分布

下垂，通常近球形，较少矩圆形，长 1～2 cm，直径 6～15 mm；序梗几不明显，长 1～2 mm；果苞长 5～9 mm，背面疏被短柔毛，基部楔形，上部具 3 裂片，裂片通常反折，或仅中裂片顶端微反折，中裂片披针形至条状披针形，顶端尖，侧裂片卵形至披针形，斜展，通常长仅及中裂片的 1/3～1/2，较少与中裂片近等长。小坚果宽倒卵形，长 2～3 mm，宽 1.5～2.5 mm，疏被短柔毛，具极狭的翅。

【生境分布】分布于临沂（蒙山）、泰安、青岛（崂山）、烟台、淄博（鲁山）等地，生于海拔 500～1400 m 的山坡、山脊、石山坡及沟谷等的林中。

【保护价值】坚桦为山东省珍贵稀有树种，分布很少。木质坚重，为北方较坚硬的木材之一，供制车轴及杵槌之用。树皮煎汁可染色。

【致危分析】分布区片段化，生境恶劣，种群繁衍困难；经常遭受采挖，目前数量已很少。果实多不育，结实率低。

【保护措施】就地保护，加大宣传教育和管理力度，严禁采挖，开展繁育生物学研究，探求濒危机制。

群落

花序

幼枝叶

7　毛叶千金榆 *Carpinus cordata* var. *mollis*（Rehder）W. C. Cheng ex Chun

【科属】桦木科 Betulaceae，鹅耳枥属 *Carpinus*

【形态概要】落叶乔木。树皮灰色；小枝灰褐色，密被柔毛。单叶互生，叶片卵形或长圆状卵形，长 6～14 cm，先端渐尖，基部斜心形，边缘有不规则的刺毛状重锯齿，上面深绿色，有毛或无毛，下面密被短柔毛，侧脉 15～20 对；叶柄长 1.5～2 cm，密被柔毛。雌雄同株；雄花序长 5～6 cm，下垂，花序梗长 5 mm，有柔毛，苞鳞卵圆形，边缘有白色纤毛。果序长 5～12 cm，梗长 3 cm，疏被柔毛，果序轴密被短柔毛及疏长柔毛；果苞阔卵状长圆形，长 1.5～2 cm，宽 1～1.5 cm，无毛，外侧基部无裂片，

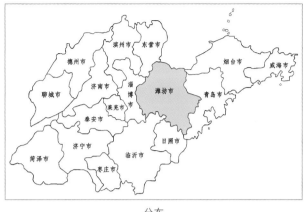

分布

内侧基部有 1 长圆形内折裂片，全部遮盖小坚果，中裂片外侧内折，边缘上部有疏齿，内侧边缘有明显锯齿，先端锐尖。小坚果长圆形，长 4～6 mm，褐色，无毛。

【生境分布】分布于潍坊（仰天山）。生于山坡杂木林中，稍耐阴，喜肥沃湿润土壤。

【保护价值】毛叶千金榆材质坚重，纹理致密美观，可制农具、家具及箱板等。种子可榨油，供食用及工业用。叶形秀丽，果穗奇特，枝叶茂密，可作为园林观赏植物。

【致危分析】分布范围狭窄，数量少，且其分布区域主要为旅游区，仰天山为国家级森林公园，生境极易受到破坏。

【保护措施】就地保护，并在原产地结合同其他物种的关系，为毛叶千金榆创造一个适宜的生境，利于其生长和天然更新。

果序

果枝

植株局部

8 小叶鹅耳枥 Carpinus stipulata H. Winkler

【科属】桦木科 Betulaceae，鹅耳枥属 *Carpinus*

【形态概要】落叶小乔木，高达 8 m；树皮灰色。小枝深紫色，光滑无毛。叶片卵形、卵状椭圆形或卵状披针形，长 2～3.5 cm，宽 1～3 cm，先端渐尖，稀锐尖；基部近圆形或近心形，边缘具单锯齿，侧脉 11～13 对；上面无毛，背面沿脉有绢质长柔毛，脉腋具髯毛。叶柄长约 1 cm，疏被长柔毛。雌花序长约 5 cm，径约 2 cm，花序梗长约 1 cm，密被长柔毛，苞片阔半卵形，长约 15 mm，宽 3 mm，疏被长柔毛，外侧不规则齿裂，基部无裂片，内侧全缘，基部具反折的耳状裂片，先端锐尖，脉 4～5，网状

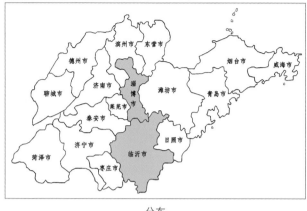

分布

脉明显。小坚果宽卵形，长约 4 mm，宽约 2.5 mm，顶端被柔毛，其余部分无毛，有棱脊。花期 5～6 月；果期 7～8 月。

【生境分布】分布于临沂（塔山）、淄博（鲁山）等地，生于海拔 300～700 m 的山坡林下或林缘、路边。

【保护价值】小叶鹅耳枥为山东省珍贵稀有树种，仅分布于临沂、淄博等地，数量稀少，应加强保护。树姿、叶形优美，是优良的观赏植物。

【致危分析】多生于林下、路边，常受到林业生产尤其是森林抚育的影响而被清理，个体数量已经很少；与鹅耳枥近缘，常被误认为鹅耳枥而遭受采挖。

【保护措施】就地保护；加强人工繁育研究，扩大种群数量。

植株

枝叶

9　毛榛 Corylus mandshurica Maxim.

【科属】桦木科 Betulaceae，榛属 Corylus

【形态概要】落叶灌木，高 2～3 m；小枝黄褐色，被长柔毛。叶宽卵形、矩圆形或倒卵状矩圆形，长 6～12 cm，宽 4～9 cm，顶端骤尖或尾状，基部心形，边缘具不规则的粗锯齿，中部以上具浅裂或缺刻，上面疏被毛或几无毛，下面疏被短柔毛，沿脉较密，侧脉约 7 对；叶柄细瘦，长 1～3 cm，疏被长柔毛及短柔毛。雄花序 2～4 枚排成总状。果单生或 2～6 枚簇生，长 3～6 cm；果苞管状，在坚果上部缢缩，较果长 2～3 倍，外面密被黄色刚毛兼有白色短柔毛，上部浅裂，裂片披针形；序梗粗壮，长 1.5～2 cm，密被黄色短柔毛。坚果几球形，长约 1.5 cm，顶端具小突尖，外面密被白色绒毛。

分布

【生境分布】分布于青岛（崂山）、烟台（昆嵛山）等地，生于海拔 400 m 左右的山坡灌丛中或林下。

【保护价值】毛榛为山东省珍贵稀有树种，分布很少。种子可食，是优良的干果树种。

【致危分析】资源量较少，分布区受到农林生产、旅游等干扰，有些分布点因旅游道路修建而造成植株减少。

【保护措施】就地保护，在崂山北九水一带建立保护点，加强对其生境的保护。

群落

果枝

花枝（雄花序未开放）

枝叶

10 紫花忍冬 Lonicera maximowiczii (Rupr.) Regel

【科属】忍冬科 Caprifoliaceae，忍冬属 *Lonicera*

【形态概要】落叶灌木，高达 2 m；幼枝带紫褐色，有疏柔毛，后变无毛。叶纸质，卵形至卵状矩圆形或卵状披针形，稀椭圆形，长 4～10（12）cm，顶端尖至渐尖，基部圆形，有时阔楔形，边缘有睫毛，上面疏生短糙伏毛或无毛，下面散生短刚伏毛或近无毛；叶柄长 4～7 mm，有疏毛。总花梗长 1～2（2.5）cm，无毛或有疏毛；苞片钻形，长约为萼筒的 1/3；杯状小苞极小；相邻两萼筒连合至半，果时全部连合，萼齿甚小而不显著，宽三角形，顶尖；花冠紫红色，唇形，长约 1 cm，外面无毛，

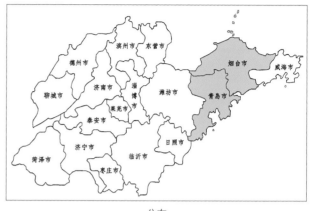

分布

筒有囊肿，内面有密毛，唇瓣比花冠筒长，上唇裂片短，下唇细长舌状；雄蕊略长于唇瓣，无毛；花柱全被毛。果实红色，卵圆形，顶锐尖；种子淡黄褐色，矩圆形，长 4～5 mm，表面颗粒状而粗糙。花期 5～6月；果期 8～9 月。

【生境分布】分布于青岛（崂山）、烟台（昆嵛山），生于海拔 800～1000 m 的林中或林缘、灌丛中。

【保护价值】山东为本种分布的南界，在植物区系地理研究方面具有价值。花色优美，观赏价值高，可栽培观赏。

【致危分析】紫花忍冬为山东省珍贵稀有树种，数量很少，分布地点为旅游热点地区，因旅游开发生境遭受一定程度的破坏，对种群更新具有较大影响。

【保护措施】就地保护，在崂山崂顶一带划定严格的保护点，加强对其生境的保护；加强人工繁育研究，迁地保存。

11　荚蒾 Viburnum dilatatum Thunb.

【科属】忍冬科 Caprifoliaceae，荚蒾属 *Viburnum*

【形态概要】落叶灌木，高 1.5～3 m；当年小枝连同芽、叶柄和花序均密被土黄色或黄绿色开展的小刚毛状粗毛及簇状短毛，2 年生小枝被疏毛或几无毛。叶纸质，宽倒卵形、倒卵形或宽卵形，长 3～10 cm，顶端急尖，基部圆形至钝形或微心形，边缘有牙齿状锯齿，两面有毛，侧脉 6～8 对，直达齿端，上面凹陷；叶柄长（5）10～15 mm；无托叶。复伞形式聚伞花序稠密，直径 4～10 cm，总花梗长 1～2（3）cm，第 1 级辐射枝 5 条，花生于第 3～4 级辐射枝上，萼和花冠外面均有簇状糙毛；萼筒长约 1 mm，有暗红色微细腺点，萼齿卵形；花冠白色，辐状，直径约 5 mm，

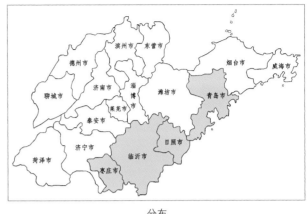

分布

裂片圆卵形；雄蕊明显高出花冠；花柱高出萼齿。果实红色，椭圆状卵圆形，长 7～8 mm；核扁，卵形，长 6～8 mm，直径 5～6 mm，有 3 条浅腹沟和 2 条浅背沟。花期 5～6 月；果期 9～11 月。

【生境分布】分布于日照、青岛、枣庄（抱犊崮）、临沂（蒙山），生于海拔 400～800 m 的山坡或山谷疏林下、林缘及山脚灌丛中。

【保护价值】荚蒾花果优美，具有重要观赏价值；韧皮纤维可制绳和人造棉；种子含油 10.03%～12.91%，可制肥皂和润滑油。果可食，亦可酿酒。

【致危分析】荚蒾为山东省珍贵稀有树种，分布区受到农林生产、旅游等干扰，个体数量极少，花果期常被游人破坏。

【保护措施】就地保护，加强对其生境的保护。

花枝

果序

花序

群落

12 裂叶宜昌荚蒾 *Viburnum erosum* var. *taquetii*（H. Léveillé）Rehd.

【科属】忍冬科 Caprifoliaceae，荚蒾属 *Viburnum*

【形态概要】落叶灌木，高达 2 m。当年枝、叶两面、叶柄和花序均被短柔毛。叶纸质，矩圆状披针形或披针形，边缘具粗牙齿或缺刻状牙齿，基部常浅 2 裂；长 3～8 cm，宽 1～2.5 cm，顶端渐尖或略钝，基部圆形、宽楔形，近基部两侧有少数腺体，侧脉 7～11 对，直达齿端；叶柄长 1～3 mm，托叶钻形。复伞形式聚伞花序生于具 1 对叶的侧生短枝之顶，直径 2～4 cm，总花梗长 1～2 cm，第 1 级辐射枝通常 5 条，花生于第 2～3 级辐射枝上，有长梗；花白色，辐状，直径 5～6 mm，裂片圆卵形，花药黄白色。果实红色，宽卵圆形，长 6～7 mm。花期 4～5 月；果期 8～10 月。

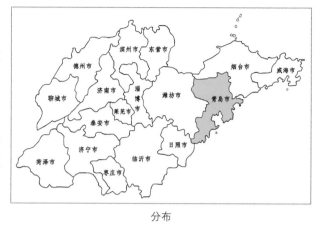

分布

【生境分布】分布于青岛（崂山），生于海拔 600～700 m 的山坡灌丛中。

【保护价值】裂叶宜昌荚蒾为中国稀有植物，我国仅产于山东崂山，具有重要的科研价值。也可供观赏、药用。

【致危分析】裂叶宜昌荚蒾为山东省珍贵稀有树种，资源量较少，已处于极度濒危状态，分布区受到林业生产、放牧等干扰。

【保护措施】立即进行就地保护，对有分布的地方设立保护小区，加强对其潜在分布区的保护，加大管理力度；对周边群众加大宣传教育工作。开展繁育生物学研究，提高种群数量。

叶片

枝叶

植株

花序

13　蒙古荚蒾 Viburnum mongolicum (Pallas) Rehd.

【科属】忍冬科 Caprifoliaceae，荚蒾属 *Viburnum*

【形态概要】落叶灌木。幼枝、冬芽、叶下面、叶柄及花序均被星状毛；芽裸露，被星状毛。单叶对生，叶片宽卵形至椭圆形，稀近圆形，长 2.5～6 cm，先端尖或钝，基部近圆形，缘有波状浅齿，上面疏生星状短毛或叉状毛，下面疏被星状毛，侧脉 4～5 对，近缘处网结，连同中脉上面略凹陷；叶柄长 4～10 mm。聚伞花序，径 1.5～3.5 cm；花序梗长 5～1.5 mm；第 1 级辐射枝 5 条，花大部生在第 1 级辐射枝上；萼筒长 3～5 mm，无毛，萼齿波状；花冠淡黄白色，直径约 3 mm，5 裂，裂片卵圆形，长约 1.5 mm，花

分布

冠筒钟状，长 5～7 mm；雄蕊 5，与花冠等长；子房下位，花柱短。核果椭圆形，长约 10 mm，先红后黑；核扁，背部有 2 浅沟，腹面有 3 浅沟。花期 5 月；果期 9 月。

【生境分布】分布于淄博（鲁山），生于阴坡灌丛林中，伴生物种主要有华北绣线菊、鞘柄菝葜、山东茜草等，稍耐阴，喜肥沃湿润土壤。

【保护价值】蒙古荚蒾是水土保持树种，也可供绿化观赏，同时是山东省珍贵稀有树种，数量较少。

【致危分析】蒙古荚蒾分布范围狭窄，目前其生长未受到明显威胁，但种群小，自然更新能力较弱。

【保护措施】就地保护；研究种子繁殖技术，采取迁地保护。

花枝

果枝

14 苦皮藤 Celastrus angulatus Maxim.

【科属】卫矛科 Celastraceae，南蛇藤属 *Celastrus*

【形态概要】落叶木质藤本；小枝暗褐色，具4～6纵棱；皮孔明显，圆形至椭圆形，白色，密集。叶柄粗壮；叶片卵形至圆形，革质，亮绿色，光滑无毛；侧脉5～7对，叶上面明显突出。圆锥状聚伞圆锥花序顶生，顶端1或2分枝；花序轴和花梗光滑无毛或有赤褐色短柔毛；花梗短，顶端具关节。花小，淡绿色，雌雄异株；萼片镊合状排列，三角形或卵形，长约1.2 mm，边缘近全缘；花瓣矩圆形，边缘啮蚀状。花盘肉质，盘状，稍5裂；雄花的雄蕊长约3 mm，退化雌蕊长约1.2 mm；雌花的退化

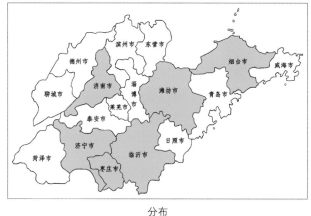

分布

雄蕊长约1 mm，雌蕊长3～4 mm，子房球形。蒴果球形，黄色，3瓣裂，果瓣近轴面具褐色斑点。种子椭圆形，假种皮鲜红色。花期5～6月；果期9～10月。

【生境分布】分布于济南、枣庄（抱犊崮）、烟台（龙口）、潍坊、临沂（蒙山、郯城）、济宁（邹城、泗水），生于海拔200～600 m的山地疏林及山坡灌丛中。

【保护价值】树皮纤维供造纸和作人造棉原料；果皮及种仁含油脂，供工业用油；根皮和茎皮为强力杀虫剂；秋季叶色橘黄，果皮开裂、种子红色，供观赏。

【致危分析】苦皮藤零星分布于向阳山坡，数量少，是山东省珍贵稀有树种；随着旅游业的发展，苦皮藤生境遭受破坏；人为过度采挖，造成资源损失。

【保护措施】就地保护，在蒙山大恶峪、枣庄抱犊崮等地建立保护点；加强对其繁殖、种子扩散、萌发等机制的研究，提高种群数量。

群落

植株

花枝

果序

成熟果实

15　野柿 Diospyros kaki var. silvestris Makino

【科属】柿树科 Ebenaceae，柿树属 *Diospyros*

【形态概要】落叶乔木，高达 10 m；树皮裂成长方块状。小枝及叶柄常密被黄褐色柔毛。叶厚纸质，卵状椭圆形至倒卵形或近圆形，较栽培柿树的叶小，长 5～10 cm，宽 3～6 cm，先端渐尖或钝，老叶上面有光泽，深绿色，无毛，下面的毛较多。花较小，雄花为聚伞花序腋生，花萼钟状，深 4 裂，花冠钟状，黄白色，雄蕊 16～24 枚；雌花单生叶腋，花萼深 4 裂，花冠淡黄白色，壶形或近钟形；子房有短柔毛。果卵形，较小，直径 2～5 cm。花期 4～5 月；果期 9～10 月。

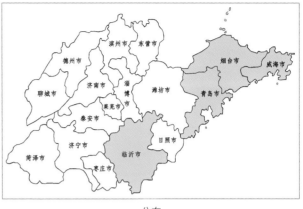

分布

【生境分布】分布于青岛（崂山）、临沂（蒙山）、烟台（昆嵛山）、威海（乳山），生于山地次生林中或灌丛中，垂直分布约达 600 m。

【保护价值】野柿实生苗可作栽培柿树的砧木，也是栽培柿抗性育种的重要种质资源。未成熟果实可用于提取柿漆；果脱涩后可食。木材用途同于柿树。树皮含鞣质。

【致危分析】野柿为山东省珍贵稀有树种，数量很少，在各分布点零星散生，分布区受到农林生产、旅游等干扰。

【保护措施】就地保护，对有分布的地方设立保护小区，加大管理力度，对林业工人和周边群众加大宣传教育工作，防止误伐。

群落

枝叶　　　花枝　　　果枝

16 大叶胡颓子 Elaeagnus macrophylla Thunb.

【科属】胡颓子科 Elaeagnaceae，胡颓子属 *Elaeagnus*

【形态概要】常绿性直立或攀援灌木，高达 4 m，无刺。幼枝扁棱形，密被淡黄白色鳞片。叶厚纸质或薄革质，卵形至宽卵形或阔椭圆形至近圆形，长 4~9 cm，宽 4~6 cm，顶端钝形或钝尖，基部圆形至近心脏形，全缘，上面幼时被银灰色鳞片；下面银灰色，密被鳞片；侧脉 6~8 对，与中脉开展成 60°~80° 角，两面略明显凸起。花白色，被鳞片，常 1~8 花生于叶腋短枝上；萼筒钟形，长 4~5 mm，在裂片下面开展，在子房上方骤缩，裂片 4，宽卵

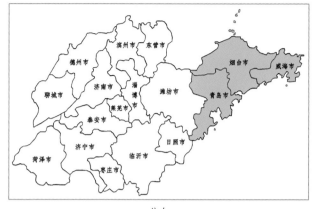
分布

形，顶端钝尖，两面密生银灰色腺鳞；雄蕊与裂片互生，花丝极短，花药椭圆形，花柱被白色星状柔毛及鳞片，顶端略弯曲，高于雄蕊。果实长椭圆形，密被银白色鳞片，长 14~20 mm，直径 5~8 mm，两端圆或钝尖，顶端具小尖头；果核两端钝尖，黄褐色，具 8 纵肋。花期 9~10 月；果实次年 4~5 月成熟。

【生境分布】分布于青岛、烟台、威海等沿海地区及海岛海拔 10~200 m 的地区，常生于向阳悬壁形成群落、散生在林间或灌丛中。

【保护价值】大叶胡颓子仅分布于海岛、海滨，对研究植物区系具有较大价值。具有较强的耐受海潮风及海边盐碱、干旱、瘠薄土壤的特性，可以广泛应用于海岸线绿化。果实可生食，口味酸甜，亦可开发果汁、果酒，具有潜在的经济价值。

【致危分析】大叶胡颓子为山东省珍贵稀有树种，随着海岸线开发力度不断增强，人为干扰强度逐渐增大，适生环境不断减少；在长门岩岛和大管岛常与山茶并存，人们为保护山茶常对大叶胡颓子进行人为砍伐、修剪，对其生长也造成了威胁。

【保护措施】就地保护，保护原有植株不受破坏，并且通过宣传增强当地居民及游客对大叶胡颓子的保护意识。开展引种驯化工作，目前青岛部分公园、植物园及住宅区已有大叶胡颓子的园林应用。

生境

植株

花枝　　　　　　　　枝叶　　　　　　　　果枝

17　迎红杜鹃 Rhododendron mucronulatum Turcz.

【别名】蓝荆子、尖叶杜鹃

【科属】杜鹃花科 Ericaceae，杜鹃花属 Rhododendron

【形态概要】落叶灌木。幼枝细长，疏生鳞片。叶片质薄，椭圆形或椭圆状披针形，长3～7 cm，宽1～3.5 cm，顶端锐尖、渐尖或钝，边缘全缘或有细圆齿，基部楔形或钝，两面有圆形腺鳞；叶柄长3～5 mm。花序1～3花，先叶开放，伞形着生；花梗长5～10 mm，疏生鳞片；花萼长0.5～1 mm，5裂，被鳞片，无毛或疏生刚毛；花冠宽漏斗状，长2.3～2.8 cm，径3～4 cm，淡红紫色，外面被短

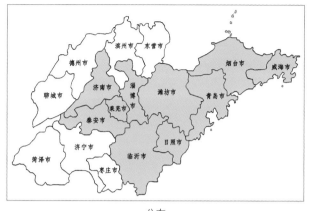

分布

柔毛，无鳞片；雄蕊10，不等长，稍短于花冠，花丝下部被短柔毛；子房5室，密被鳞片，花柱长于花冠。蒴果长圆形，长1～1.5 cm，径4～5 mm，先端5瓣开裂。花期4～5月；果期8～9月。

【生境分布】分布于济南、淄博、临沂、泰安、潍坊、莱芜、青岛、烟台、威海、日照等地，主产于胶东丘陵。生于海拔较高的山坡、林下和灌丛中，以阴坡为主。

【保护价值】迎红杜鹃花色美丽，观赏价值高，是重要的野生观赏植物资源；叶入药，主治感冒、头痛、咳嗽、支气管炎等。花中含有的绿原酸、槲皮素等药用成分，具有抗菌、抗炎、抗病毒等药效。

【致危分析】迎红杜鹃在山东曾经广泛分布于鲁中南山区和胶东丘陵，但由于乱挖乱采现象严重，数量不断减少，现鲁中山区已极为稀见。在胶东丘陵，迎红杜鹃的资源量较多，但随着人为活动的加剧，尤其是掠夺性采挖和人工造林的影响，分布面积和数量都有下降的趋势，应当加强保护。

【保护措施】注重对现有迎红杜鹃资源的就地保护，在资源较丰富的青岛、烟台、威海等主要山系建立保护小区，防止人为干扰和损坏。加强宣传教育，提高民众的保护意识，对于有野生迎红杜鹃分布山系的社区、乡镇，应加强开展保护知识普及宣传，严厉打击私采乱挖行为，促使人们能够自觉地对其加以保护。加强迎红杜鹃引种驯化及繁育技术研究。

群落

植株

秋叶　　花　　果枝

18 映山红 Rhododendron simsii Planch.

【别名】杜鹃花

【科属】杜鹃花科 Ericaceae，杜鹃花属 Rhododendron

【形态概要】落叶灌木，高 2～3 m；分枝多而纤细，密被亮棕褐色扁平糙伏毛。叶革质，常集生枝端，卵形、椭圆状卵形或倒卵形或倒卵形至倒披针形，长 1.5～5 cm，宽 0.5～3 cm，先端短渐尖，基部楔形或宽楔形，边缘微反卷，具细齿，上面疏被糙伏毛，下面密被褐色糙伏毛。花 2～3 朵簇生枝顶；花梗长 8 mm，密被亮棕褐色糙伏毛；花萼 5 深裂，裂片三角状长卵形，长 5 mm，被糙伏毛，边缘具睫毛；花冠阔漏斗

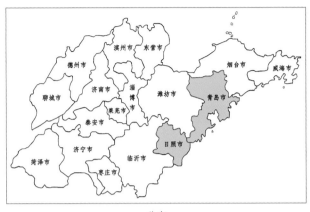

分布

形，玫瑰色、鲜红色或暗红色，长 3.5～4 cm，宽 1.5～2 cm，裂片 5，倒卵形，长 2.5～3 cm，上部裂片具深红色斑点；雄蕊 10，长约与花冠相等，花丝中部以下被微柔毛；子房卵球形，10 室，密被亮棕褐色糙伏毛，花柱伸出花冠外，无毛。蒴果卵球形，长达 1 cm，密被糙伏毛；花萼宿存。花期 4～5 月；果期 7～8 月。

【生境分布】分布于日照（五莲山、九仙山）、青岛（小珠山），生于山地疏灌丛或松林下。

【保护价值】映山红花冠鲜红色，为著名的观赏植物；全株供药用，有行气活血、补虚功效；山东为本种分布的最北界，在植物区系地理研究和抗寒育种方面具有重要价值。

【致危分析】映山红为山东省珍贵稀有树种，由于本身具有重要的观赏价值，经常遭受采挖，由于长期乱砍滥伐，目前数量已很少。分布地点为旅游热点地区，生境也遭受一定程度的破坏，对种群更新具有较大影响。

【保护措施】就地保护，在日照九仙山映山红分布集中的地点划定保护小区，严格保护现有资源，严禁破坏上层乔木和生境。

生境

植株

枝叶

花枝

果枝

19　腺齿越橘 Vaccinium oldhamii Miquel

【科属】杜鹃花科 Ericaceae，越橘属 *Vaccinium*

【形态概要】落叶灌木，高 1～3 m；幼枝密被灰色短柔毛，杂生腺毛。生花的枝上叶较营养枝上的小，叶片纸质，卵形、椭圆形或长圆形，长 2.5～8 cm，宽 1.2～4.5 cm，顶端锐尖，基部楔形，宽楔形至钝圆，边缘有细齿，齿端有具腺细刚毛，表面沿中脉和侧脉被短柔毛，其余伏生刚毛或近于无毛，背面沿中脉和侧脉被刚毛或具腺刚毛，有时中脉上杂生短柔毛，其余伏生刚毛或近无毛；叶柄长 1～3 mm，被短柔毛及腺毛。总状花序生于当年生枝顶，长 3～6 cm，被短柔

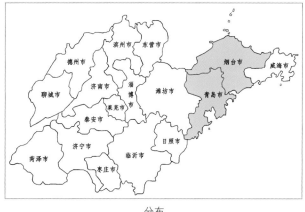

分布

毛及腺毛；花梗长 1.5 mm 或更短；萼齿三角形，长约 1.5 mm；花冠棕黄色并略带淡紫红色，长 3～5 mm，外面无毛；雄蕊 10，稍短于花冠，花丝扁平，上部被开展的柔毛，药室背部无距。浆果近球形，直径 0.7～1 cm，熟时紫黑色。花期 5～6 月；果期 9～10 月。

【生境分布】分布于青岛（崂山、小珠山）、烟台（昆嵛山），生于海拔 200～550 m 的山坡灌丛，土壤为棕壤。

【保护价值】腺齿越橘为中国稀有物种，我国仅分布于山东和江苏北部，山东是主要分布区。果实富含花青素，营养丰富、味道可口，具有开发价值。也可用于园林绿化，是优良的观果植物。

【致危分析】腺齿越橘在崂山和昆嵛山分布较多，部分区域可成为群落优势种之一，自然状态下结实率高，繁衍正常，但易受到森林抚育、旅游等人为干扰。

【保护措施】就地保护，增强人们的保护意识。加强人工繁育研究，开展引种驯化。

幼枝叶

花枝

花

群落

果枝

20 算盘子 Glochidion puberum（Linn.）Hutch

【科属】大戟科 Euphorbiaceae，算盘子属 Glochidion

【形态概要】落叶灌木，高 1～5 m，多分枝；小枝灰褐色；小枝、叶下面、萼片外面、子房和果实均密被短柔毛。叶片纸质或近革质，长圆形、长卵形或倒卵状长圆形，稀披针形，长 3～8 cm，宽 1～2.5 cm，顶端钝、急尖、短渐尖或圆，基部楔形至钝，上面灰绿色，仅中脉被疏短柔毛或几无毛，下面粉绿色；侧脉 5～7 对，下面凸起，网脉明显；叶柄长 1～3 mm；托叶长约 1 mm。花小，雌雄同株或异株，2～5 朵簇生于叶腋内，雄花束常着生于小枝下部，雌花束则在上部，或有时雌花和雄花生于同一叶腋内；雄花：花梗

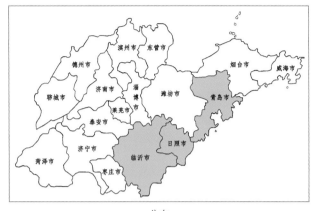

分布

长 4～15 mm；萼片 6，狭长圆形或长圆状倒卵形，长 2.5～3.5 mm；雄蕊 3，合生呈圆柱状；雌花：花梗长约 1 mm；萼片 6，与雄花的相似，但较短而厚；子房圆球状，5～10 室，每室有 2 颗胚珠，花柱合生呈环状，长宽与子房几相等，与子房接连处缢缩。蒴果扁球状，直径 8～15 mm，边缘有 8～10 条纵沟，成熟时带红色，顶端具有环状而稍伸长的宿存花柱；种子近肾形，具 3 棱，长约 4 mm，朱红色。花期 4～8 月；果期 7～11 月。

【生境分布】分布于日照、青岛（崂山）、临沂（蒙阴），生于海拔 500 m 以下的山坡、溪旁灌木丛中或林缘，为酸性土壤的指示植物。

【保护价值】种子可榨油，含油量 20%，供制肥皂或作润滑油。根、茎、叶和果实均可药用；也可作农药。全株可提制栲胶。

【致危分析】算盘子为山东省珍贵稀有树种，分布很少，分布区片段化，受到农林生产、旅游等干扰，个体数量极少。

【保护措施】就地保护，加强对其生境的保护，开展繁育生物学研究，探求濒危机制。

果枝

植株

花枝

21　白乳木 Neoshirakia japonica (Sieb. & Zucc.) Esser

【别名】白木乌桕

【科属】大戟科 Euphorbiaceae，白木乌桕属 Neoshirakia

【形态概要】落叶灌木或乔木，高 3～7 m，各部无毛，具白色乳汁。叶互生，纸质，倒卵形至长椭圆形，长 7～16 cm，宽 3～7 cm，顶端短尖或凸尖，基部常不等，全缘；侧脉 8～10 对；叶柄长 1.5～3 cm，两侧呈狭翅状，顶端有 2 腺体；托叶膜质，早落。穗状花序顶生，长 4.5～11 cm，花单性，无花瓣及花盘，雌雄常同序，雌花生于花序轴基部，雄花生于上部，有时花序全为雄花。雄花：花梗丝状；苞片卵形至卵状披针形，顶端短尖至渐尖，缘具不规则

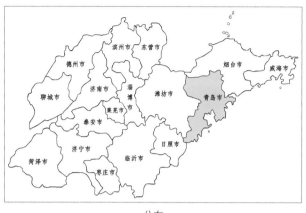

分布

小齿，基部两侧各具 1 腺体，每苞片内具花 3～4 朵；花萼杯状，3 裂，裂片具不规则小齿；雄蕊 3 枚，稀 2 枚，常伸出于花萼之外，花药球形，略短于花丝。雌花：花梗粗壮；苞片 3 深裂几达基部，裂片披针形，中间裂片较大，两侧裂片边缘各具 1 腺体；萼片 3，三角形，长宽近相等，顶端短尖或有时钝；子房卵球形，平滑，3 室，花柱基部合生，柱头 3，外卷。蒴果三棱状扁圆形，直径 10～15 mm，中轴开裂，脱落；种子球形，直径 6～10 mm，无蜡质假种皮，具棕褐色斑纹。花期 5～6 月；果期 9～10 月。

【生境分布】分布于青岛（崂山），喜生于林中湿润处或溪涧边，土壤为棕壤。

【保护价值】白乳木属于亚热带成分，山东为自然分布北界，对研究植物区系地理具有重要价值。也是低海拔优良水土保持及秋色叶风景林树种，具有较高的生态及景观营造价值。种子含油量高，用途广泛；根入药，有消肿利尿功效。

【致危分析】白乳木喜温暖，在山东仅分布于崂山，且主要见于南麓气候较为温暖、湿润的区域，但总体上繁衍正常，分布较多，部分区域受到旅游开发影响，干扰强度较大。

【保护措施】就地保护，加强其适生环境的保护；开展人工繁育研究。

生境

植株

果枝　　　　　　　　花序

枝叶　　　　　　　　成熟果实

22 锐齿槲栎 Quercus aliena var. acutiserrata Maxim. ex Wenzig

【科属】壳斗科 Fagaceae，栎属 *Quercus*

【形态概要】落叶乔木，高达 30 m；树皮暗灰色，深纵裂。小枝灰褐色，近无毛；芽卵形，芽鳞具缘毛。叶片形状变异较大，一般为长椭圆状倒卵形至倒卵形，长 10～30 cm，宽 5～16 cm，叶缘具粗大锯齿，齿端尖锐，内弯，顶端微钝或短渐尖，基部楔形或圆形，叶背密被灰色细绒毛，侧脉每边 10～15 条；叶柄长 1～1.3 cm。雄花序长 4～8 cm，雄花单生或数朵簇生于花序轴，微有毛，花被 6 裂，雄蕊通常 10 枚；雌花序生于新枝叶腋，单生或

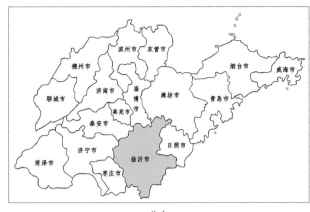

分布

2～3 朵簇生。壳斗杯形，包着坚果约 1/2，直径 1.2～2 cm，高 1～1.5 cm；小苞片卵状披针形，长约 2 mm，排列紧密，被灰白色短柔毛。坚果椭圆形至卵形，直径 1.3～1.8 cm，高 1.7～2.5 cm，果脐微突起。花期 3～4 月；果期 9～10 月。

【生境分布】分布于临沂（蒙山）等地，生于海拔 800～1000 m 的山地杂木林中，或形成小片纯林。

【保护价值】锐齿槲栎是重要的用材树种，材质优良，为环孔材，边材灰白色，心材黄色。

【致危分析】虽然槲栎及变种北京槲栎在山东分布较多，但另一变种锐齿槲栎在山东为稀有植物，数量稀少，目前仅在蒙山发现，旅游开发对其生境造成了一定程度的破坏。

【保护措施】就地保护，并在分布点附近加强人工抚育，可采取人工辅助播种繁育，增加种群数量。

幼果

成熟果实

叶背面

群落　　　　　　　　　　枝叶

23　狭叶山胡椒 Lindera angustifolia W. C. Cheng

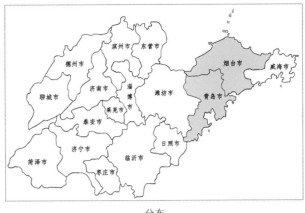

分布

【科属】樟科 Lauraceae，山胡椒属 *Lindera*

【形态概要】落叶灌木或小乔木，高 2～8 m，幼枝黄绿色，无毛。冬芽卵形，紫褐色，芽鳞具脊；外面芽鳞无毛，内面芽鳞背面被绢质柔毛。叶互生，椭圆状披针形，长 6～14 cm，宽 1.5～3.5 cm，先端渐尖，基部楔形，上面绿色，无毛，下面苍白色，沿脉上被疏柔毛；羽状脉，侧脉 8～10 对。伞形花序 2～3 生于冬芽基部。雄花序有花 3～4 朵，花梗长 3～5 mm，花被片 6，能育雄蕊 9。雌花序有花 2～7 朵；花梗长 3～6 mm；花被片 6；退化雄蕊 9；子房卵形，无毛，花柱长 1 mm，柱头头状。果球形，直径约 8 mm，成熟时黑色，果托直径约 2 mm；果梗长 0.5～1.5 cm，被微柔毛或无毛。花期 3～4 月；果期 9～10 月。

【生境分布】分布于烟台（昆嵛山）、青岛（崂山），生于低海拔的山坡灌丛或疏林中。

【保护价值】狭叶山胡椒为山东省珍贵稀有树种，分布很少。种子油可制肥皂及作润滑油；叶可提取芳香油，用于配制化妆品及皂用香精。

【致危分析】山东为狭叶山胡椒自然分布的北界，数量少，且分布区片段化，种群繁衍困难。

【保护措施】就地保护，严禁采挖，开展繁育生物学研究，尤其是加强对其繁殖、种子扩散、萌发等机制研究，提高种群数量。

植株

花枝

果枝

成熟果实

24　红果山胡椒 Lindera erythrocarpa Makino

【别名】红果钓樟

【科属】樟科 Lauraceae，山胡椒属 *Lindera*

【形态概要】落叶灌木或小乔木，高达 10 m；树皮灰褐色。叶全缘，互生，常为倒披针形或倒卵形，长 9～12 cm，宽 4～6 cm，先端渐尖，基部狭楔形，常下延，上面绿色，下面带绿苍白色，被贴伏柔毛，脉上较密，侧脉 4～5 对；叶柄长约 1 cm，红色。雌雄异株；伞形花序着生于腋芽两侧各一，总梗长约 0.5 cm；总苞片 4，内有花 15～17 朵。雄花花梗长约 3.5 mm，花被片 6，黄绿色，椭圆形，外被疏柔毛；雄蕊 9，第 3 轮的近基部具 2 个具短柄宽肾形腺体，退化雌蕊呈小凸

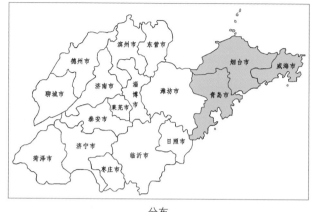

分布

尖。雌花较小，花梗约 1 mm，花被片 6，椭圆形，先端圆，退化雄蕊 9，条形；子房狭椭圆形，花柱粗，柱头盘状。果球形，直径 7～8 mm，熟时红色；果梗长 1.5～1.8 cm，向先端渐增粗至果托，但果托不明显扩大，直径 3～4 mm。花期 4 月；果期 9～10 月。

【生境分布】分布于青岛（崂山）、烟台（昆嵛山）、威海（伟德山），以昆嵛山较多，多生于沟边杂木林中。

【保护价值】红果山胡椒主要分布在热带和亚热带地区，山东是其自然分布的最北界，对研究樟科植物的区系及该树种的遗传育种有重要的价值。另外，红果山胡椒树形美观，果实红色，观赏价值较高。

【致危分析】红果山胡椒在山东数量少，是一稀有树种。该树种分布区内，未见人为破坏现象，但很少见到幼树或幼苗，可能是其种子扩散范围很小，林下光照不足，不利于幼苗生长，造成自然更新不良。

【保护措施】就地保护，在昆嵛山等红果山胡椒分布点建立保护小区，进行重点保护，禁止人为砍伐及其他人为干扰；迁地保护，进行人工繁殖技术研究。

植株

花枝

果枝

花序

25 三桠乌药 Lindera obtusiloba Blume

【科属】樟科 Lauraceae，山胡椒属 *Lindera*

【形态概要】落叶灌木或小乔木，高 3～10 m；小枝黄绿色，较平滑。叶互生，近圆形至扁圆形，长 5.5～10 cm，宽 4.8～10.8 cm，全缘或上部 3 裂，基部近圆形、心形或宽楔形，上面深绿色，有光泽，背面被棕黄色柔毛；基生 3 出脉；叶柄长 1.5～2.8 cm，被黄白色柔毛。花雌雄异株，先叶开放；伞形花序无总梗，腋生，总苞片 4，长椭圆形，外面被长柔毛，内有花 5 朵。花黄色，花被 6 片，长椭圆形，外被长柔毛，内面无毛；雄花具能育雄蕊 9，第 3 轮基部有具柄宽肾形腺体 2，雌蕊退化成小凸尖；

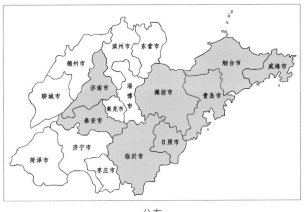

分布

雌花具多个退化雄蕊痕迹，子房椭圆形，无毛，花柱短。核果阔椭圆形，长 0.8 cm，直径 0.5～0.6 cm，成熟时红色，后变紫黑色。花期 3～4 月；果期 8～9 月。

【生境分布】三桠乌药是山东樟科植物中常见的种类，分布于青岛、临沂、济南、潍坊、泰安、日照、烟台、威海等地，多散生于山坡、山沟中阴湿处，在山坡下部或山沟的棕壤中长势良好，山坡上部的砂石中生长缓慢。

【保护价值】三桠乌药为樟科分布的最北界（辽宁千山，约北纬 41°）树种，对研究樟科植物的地理分布和演化具有重要意义。三桠乌药是野生油料、芳香油及药用树种；树皮入药，有舒筋活血之效；种子含油量达 60%，可供医药及轻工原料；叶、枝和果皮可提取芳香油。

【致危分析】三桠乌药在山东分布较广，多数分布点自然更新良好，幼苗及幼树较多，但部分旅游区采其根茎作拐杖等，使资源遭到破坏，对其分布、种群数量有一定影响。

【保护措施】就地保护，在不同山地选择三桠乌药长势好、分布集中的群落建立保护点进行保护；加大宣传力度，禁止人为破坏。

种子

花序

枝叶

幼树

植株

果枝

26 红楠 Machilus thunbergii Sieb. & Zucc.

【科属】樟科 Lauraceae，润楠属 Machilus

【形态概要】常绿乔木，高达 10～15 m，山东分布的常呈灌木状，高 3～8 m，树冠平顶或扁圆。顶芽卵形或长圆状卵形，鳞片棕色革质，宽圆形，背面无毛，边缘有小睫毛。叶革质，倒卵形至倒卵状披针形，长 4.5～9（13）cm，宽 1.7～4.2 cm，先端短突尖或短渐尖，基部楔形，上面有光泽，下面粉白色，侧脉 7～12 对，小脉结成小网状；叶柄长 1～3.5 cm，和中脉均带红色。花序顶生或在新枝上腋生，长 5～11.8 cm，多花，总梗占全长的 2/3，带紫红色，下部的分枝常有花 3 朵，上部分枝花较少；苞片卵形，

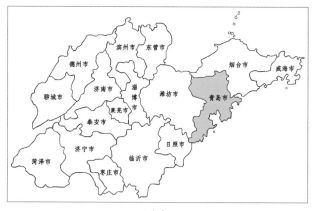

分布

有棕红色贴伏绒毛；花被裂片长圆形，长约 5 mm，外轮较狭，略短，先端急尖，内面上端有小柔毛；花丝无毛，第 3 轮腺体有柄，退化雄蕊基部有硬毛；子房球形，无毛；花柱细长，柱头头状；花梗长 8～15 mm。果扁球形，直径 8～10 mm，初时绿色，后变黑紫色；果梗鲜红色。花期 5～6 月；果期 7～8 月。

【生境分布】分布于青岛（崂山、长门岩岛），生于海拔 100 m 以下的海边灌丛和落叶林中、山谷和溪边，常与山茶、大叶胡颓子伴生。

【保护价值】红楠是第三纪古热带植物区系的孑遗种，山东是其自然分布的北界，对研究樟科的区系地理有重要价值。红楠也是重要的用材树种和庭院观赏树种，叶可提取芳香油，种子油可制肥皂和润滑油；树皮入药。

【致危分析】红楠在山东的分布区片段化，生境恶劣，目前数量已很少，种群繁衍困难；生境遭受一定程度的破坏，对种群更新具有较大影响。崂山的红楠分布于沿海岩石较多处，种子较难萌发，加之水土流失，自然更新不良。

果实

花枝

【保护措施】立即进行就地保护，对有分布的地方设立保护小区，加强人工抚育；迁地保护。目前青岛地区已有人工繁育的红楠，并且在太清宫一带进行栽植，青岛市植物园、八大关绿地及李村公园有栽植，生长良好。

幼苗

群落

花期景观

27　北桑寄生 Loranthus tanakae Franchet & Savatier

【科属】桑寄生科 Loranthaceae，桑寄生属 Loranthus

【形态概要】寄生灌木；高约 1 m，全株无毛。茎常呈二歧分枝，1 年生枝条暗紫色，2 年生枝条黑色，被白色蜡被，有稀疏皮孔。单叶，对生；叶片倒卵形或椭圆形，长 2.5～4 cm，宽 1～2 cm，先端圆钝或微凹，基部楔形，稍下延，羽状脉，侧脉 3～4 对，稍明显；叶柄长 3～8 mm。穗状花序，顶生，长 2.5～4 cm，有花 10～20 朵；花两性，近对生，淡青色；苞片杓状，长约 1 mm；花萼卵球形，萼檐环状，宿存；花瓣 5～6，披针形，长 1.5～2 mm；雄蕊与花瓣同数对生，着生于花瓣中部，花药 4 室；雌蕊 1，子房下位，花柱 1，柱状，柱头稍增粗。浆果球形，长约 8 mm，橙黄色，果皮平滑。花期 5～6 月；果期 9～10 月。

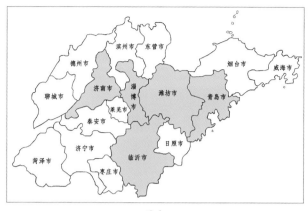

分布

【生境分布】分布于济南（章丘）、青岛（平度）、淄博（鲁山）、潍坊（青州）、临沂（郯城）等地，多寄生于栗树、杏树、梨树、山楂等树上。

【保护价值】北桑寄生是山东省珍贵稀有树种，茎枝可药用，有强筋骨、驱风湿、降血压、补肝肾、安胎之功效，用于风湿痹痛、腰膝酸软、筋骨无力、胎动不安、早期流产、高血压症等。

【致危分析】北桑寄生分布范围狭窄，数量少，且因其主要寄生在各类果树上，因此容易被农民清除。另外，全株可以药用，也常被采集。

【保护措施】就地保护，对发现的北桑寄生植株采取严格保护措施，结合同其他物种的关系，适当帮助其扩大寄主种类和数量，建立良好的种间和种内生态关系，利于其生长和天然更新；加强宣传教育，防止人为破坏。

生境　　　　　　　　　　　　　　植株（花期）

植株（果期）　　　　　　　　　　果实

28 褐毛铁线莲 Clematis fusca Turcz.

【科属】毛茛科 Ranunculaceae，铁线莲属 Clematis

【形态概要】直立或藤本，长 0.6～2 m。根棕黄色，有膨大的节。茎暗棕色或紫红色，有纵的棱状凸起及沟纹，节上及幼枝被曲柔毛，其余近无毛。羽状复叶，连叶柄长 10～15 cm，小叶 7（5～9）枚，顶端小叶有时变成卷须；小叶片卵圆形至卵状披针形，长 4～9 cm，宽 2～5 cm，顶端钝尖，基部圆形或心形，全缘或 2～3 裂，两面近无毛或背面叶脉上有疏柔毛；小叶柄长 1～2 cm；叶柄长 2.5～4.5 cm。聚伞花序腋生，1～3 花；花梗短或长达 3 cm，被黄褐色柔毛；花钟状，下垂，直径 1.5～2 cm；萼片 4 枚，卵圆形或长

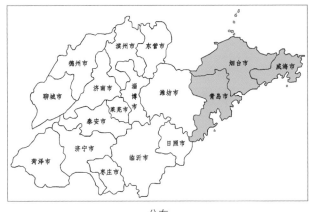

分布

方椭圆形，长 2～3 cm，宽 0.7～1.2 cm，外面被紧贴褐色短柔毛，内面淡紫色，无毛，边缘被白色毡绒毛；雄蕊较萼片为短，花丝线形，外面及两侧被长柔毛，基部无毛，花药线形，内向着生，长 4～5 mm，药隔外面被毛，顶端有尖头状突起；子房被短柔毛，花柱被绢状毛。瘦果扁平，棕色，宽倒卵形，长达 7 mm，宽 5 mm，边缘增厚，被稀疏短柔毛，宿存花柱长达 3 cm，被开展的黄色柔毛。花期 6～7 月；果期 8～9 月。

【生境分布】分布于青岛（崂山）、烟台（昆嵛山）、威海（荣成），多生于海拔 600～1000 m 的山坡、林边及杂木林中或草坡上。

【保护价值】褐毛铁线莲在山东为稀有植物，分布很少，在科研上也具有重要价值。花朵美丽，可栽培观赏。

【致危分析】分布地点为旅游热点地区，生境遭受一定程度的破坏，容易遭受游客采摘，对种群更新具有较大影响。

【保护措施】就地保护，加强对其生境的保护；加大宣传教育和管理力度，开展繁育生物学研究。

植株

植株

小叶

花

花及幼果

29　大花铁线莲 Clematis patens C. Morren & Decaisne

【别名】转子莲

【科属】毛茛科 Ranunculaceae，铁线莲属 Clematis

【形态概要】藤本，茎攀援，长达 4 m，具明显的 6 条纵纹，幼时被稀疏柔毛。羽状复叶，小叶常 3，稀 5，纸质，卵圆形或卵状披针形，长 4～7.5 cm，宽 3～5 cm，顶端渐尖或锐尖，基部常圆形，全缘，具淡黄色开展睫毛，基出主脉 3～5，沿叶脉被疏柔毛，小叶柄常扭曲，长 1.5～3 cm，顶生小叶柄常较长，侧生者稍短；叶柄长 4～6 cm。单花顶生；花梗粗壮，长 4～9 cm，被淡黄色柔毛，无苞片；花直径 8～14 cm；萼片 8，白色或淡黄色，倒卵圆形或匙形，

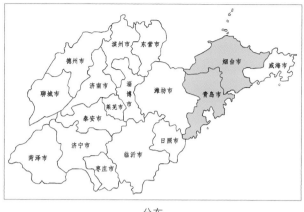

分布

长 4～6 cm，宽 2～4 cm，先端圆形，基部渐狭，内面无毛，3 中脉及侧脉明显，外面沿 3 主脉形成一披针形的带，被长柔毛；雄蕊长达 1.7 cm，花丝线形，短于花药；子房狭卵形，长约 1.3 cm，被淡黄色绢状长柔毛，花柱上部被短柔毛。瘦果卵形，宿存花柱长 3～3.5 cm，被金黄色长柔毛。花期 5～6 月；果期 6～7 月。

【生境分布】分布于青岛（崂山）、烟台（昆嵛山）等地，多生于山坡灌丛和草地，偶见于疏林中。

【保护价值】大花铁线莲是中国稀有物种，我国仅分布于山东和辽宁，崂山是主要分布区。花大而美丽，花色纯白，果实奇特，是优良的观赏植物，也是培育铁线莲新品种的重要种质资源。根入药。

【致危分析】自然状态下开花结实正常，群落中亦常见幼苗，但分布区为旅游热点地区，花期常易遭受游客采摘破坏。

【保护措施】就地保存；开展繁育生物学研究，加强对其繁殖、种子扩散、萌发等机制的研究，已有研究表明其种子需经过两次自然低温才能萌发。

枝叶

幼果

生境

花朵

30 拐枣 Hovenia dulcis Thunb.

【别名】北枳椇

【科属】鼠李科 Rhamnaceae，枳椇属 *Hovenia*

【形态概要】落叶乔木，高达 10 m；小枝无毛，有皮孔。叶卵圆形、宽矩圆形或椭圆状卵形，长 7~17 cm，宽 4~11 cm，顶端短渐尖或渐尖，基部截形、心形或近圆形，边缘有不整齐粗锯齿，无毛或仅下面沿脉被疏短柔毛；叶柄长 2~4.5 cm。花黄绿色，直径 6~8 mm，排成不对称的顶生、稀兼腋生的聚伞圆锥花序；萼片卵状三角形，无毛，长 2.2~2.5 mm，宽 1.6~2 mm；花瓣倒卵状匙形，长 2.4~2.6 mm，宽 1.8~2.1 mm，向下渐狭成爪部，长

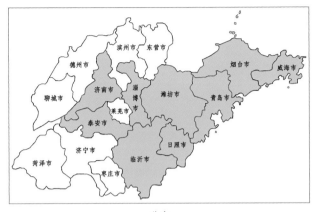

分布

0.7~1 mm；花盘边缘被柔毛或上面被疏短柔毛；子房球形，花柱 3 浅裂，长 2~2.2 mm，无毛。浆果状核果近球形，直径 6.5~7.5 mm，无毛，成熟时黑色；花序轴结果时稍膨大。花期 5~7 月；果期 8~10 月。

【生境分布】分布于济南、青岛（崂山）、淄博（鲁山）、泰安（泰山、徂徕山）、潍坊（仰天山）、临沂（蒙山）、烟台（昆嵛山）、威海、日照（九仙山）等地，生于次生林中。

【保护价值】拐枣木材细致坚硬，可供建筑和制精细用具，是优良的用材树种，也可栽培观赏；肥大的果序轴含丰富的糖，可生食、酿酒、制醋和熬糖。

【致危分析】拐枣为山东省珍贵稀有树种，分布区内均零星生长，个体数量较少，目前尚未见人为破坏现象，但森林抚育和人工造林使其自然更新受到影响。

【保护措施】就地保护，加强对其生境的保护。加强对其繁殖、种子扩散、萌发等机制研究，提高种群数量。

群落

幼枝叶

果枝

31　辽宁山楂 Crataegus sanguinea Pallas

【科属】蔷薇科 Rosaceae，山楂属 Crataegus

【形态概要】落叶灌木，高达 2～4 m；刺短粗，锥形，长约 1 cm，亦常无刺；小枝微曲，幼时散生柔毛，当年枝条无毛，紫红色或紫褐色。叶片宽卵形或菱状卵形，长 5～6 cm，宽 3.5～4.5 cm，先端急尖，基部楔形，边缘通常有 3～5 对浅裂片和重锯齿，裂片宽卵形，先端急尖，两面散生短柔毛，上面毛较密，下面柔毛多生在叶脉上；叶柄粗短，长 1.5～2 cm，近无毛；托叶草质，镰刀形或不规则心形，边缘有粗锯齿，无毛。伞房花序，直径 2～3 cm，多花，密集，总花梗和花梗均无毛，或近于

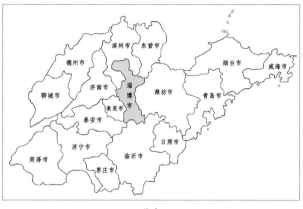

分布

无毛，花梗长 5～6 mm；苞片膜质，线形，长 5～6 mm，边缘有腺齿，无毛，早落；花直径约 8 mm；萼筒钟状，外面无毛；萼片三角卵形，长约 4 mm，先端急尖，全缘，稀有 1～2 对锯齿，内外两面均无毛或在内面先端微具柔毛；花瓣长圆形，白色；雄蕊 20，花药淡红色或紫色，约与花瓣等长；花柱 3（～5），柱头半球形，子房顶端被柔毛。果实近球形，直径约 1 cm，血红色，萼片宿存，反折；小核 3，稀 5，两侧有凹痕。花期 5～6 月；果期 7～8 月。

【生境分布】分布于淄博（鲁山）等地，生于山谷灌丛或杂木林。

【保护价值】果可生食，干制后入药，有健脾开胃、消食化滞、活血化痰之效。也可以作为山楂的砧木，还可栽培供观赏。

【致危分析】辽宁山楂为山东省珍贵稀有树种，数量稀少，生境经常受到人为干扰，也因樵采等遭受人为破坏。

【保护措施】就地保护；加强对其繁殖、种子扩散、萌发等机制的研究，提高种群数量。

果实　枝叶　果枝

植株　花枝

32 三叶海棠 Malus sieboldii（Regel）Rehd.

【别名】山茶果

【科属】蔷薇科 Rosaceae，苹果属 *Malus*

【形态概要】落叶灌木或小乔木，高 2～6 m，枝条开展；小枝稍有棱，嫩时被短柔毛。叶片卵形、椭圆形或长椭圆形，长 3～7.5 cm，宽 2～4 cm，先端急尖，基部圆形或宽楔形，边缘有尖锯齿，在新枝上的叶片锯齿粗锐，常 3 浅裂，稀 5 裂，幼叶两面被短柔毛，老叶上面近无毛，下面沿脉有短柔毛；叶柄长 1～2.5 cm，有短柔毛；托叶草质，窄披针形，全缘，微被短柔毛。花 4～8 朵，集生于小枝顶端，花梗长 2～2.5 cm；苞片膜质，线状披针形，全

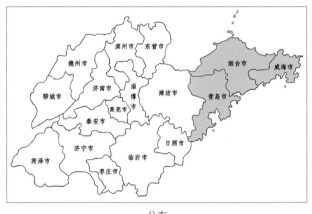

分布

缘，早落；花直径 2～3 cm；萼筒近无毛或有柔毛；萼片三角卵形，先端尾状渐尖，全缘，长 5～6 mm，外面无毛，内面密被绒毛，约与萼筒等长或稍长；花瓣长椭圆状倒卵形，长 1.5～1.8 cm，淡粉红色，在花蕾时颜色较深；雄蕊 20，花丝长短不齐，约等于花瓣之半；花柱 3～5，基部有长柔毛，较雄蕊稍长。果实近球形，直径 6～8 mm，红色或褐黄色，萼片脱落，果梗长 2～3 cm。花期 4～5 月；果期 8～9 月。

【生境分布】分布于胶东山区，主产于青岛、烟台、威海，生于海拔 150～800 m 的山坡杂木林或灌木丛中。

【保护价值】三叶海棠春季着花甚美丽，可供观赏。山东、辽宁有用作苹果砧木者，日本则广泛用为苹果砧木。

【致危分析】三叶海棠为山东省珍贵稀有树种，分布区片段化，生境遭受一定程度的破坏，对种群更新具有较大影响。也易遭受放牧、旅游开发等人为干扰。

【保护措施】就地保护，加强对其生境的保护，严禁采挖；开展繁育生物学研究，探求濒危机制。

群落

枝叶

果实

33　毛叶石楠 Photinia villosa (Thunb.) Candolle

【科属】蔷薇科 Rosaceae，石楠属 *Photinia*

【形态概要】落叶灌木或小乔木，高 2～5 m；小枝幼时有白色长柔毛，后脱落，有散生皮孔。叶互生，倒卵形或长圆状倒卵形，长 3～8 cm，宽 2～4 cm，先端尾尖，基部楔形，边缘上半部密生尖锐锯齿，两面初有白色长柔毛，后仅下面叶脉有柔毛，侧脉 5～7 对；叶柄长 1～5 mm，有长柔毛。伞房花序顶生，花 10～20 朵；总花梗和花梗有长柔毛，果期有疣点，花梗长 1.5～2.5 cm；苞片钻形，早落；花直径 7～12 mm；花萼 5 裂，外被白色长柔毛，萼筒杯状，萼裂片三角卵形，先端钝；花冠白色，花

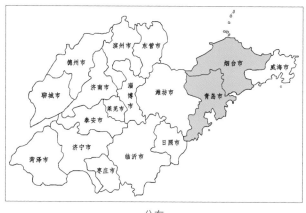

分布

瓣近圆形，外面无毛，内面基部具柔毛；雄蕊 20，较花瓣短；花柱 3，离生，无毛。果实椭圆形或卵形，长 8～10 mm，直径 6～8 mm，熟时红色或黄红色，顶端有直立宿存萼片。花期 5 月；果期 8～9 月。

【生境分布】分布于青岛、烟台等沿海山区，生长于海拔 500～800 m 的山坡林下或山顶的杂木林中，土质为山地棕壤或未完全分化的棕性土。

【保护价值】毛叶石楠是药用植物，其根、果药用，有清热去湿、治劳伤疲乏之效。果实红色，冬季不落，有较高的观赏价值。

【致危分析】毛叶石楠为山东省珍贵稀有树种，多为零星分布，结实率低，树下极少见到幼树及幼苗，自然更新不良。另外，旅游开发和森林抚育也对其生境和生长造成不良影响。

【保护措施】对现存的植株进行就地保护，禁止人为破坏；对其生殖系统和生殖过程进行研究，找出其生殖受阻原因，可采取人工辅助授粉等，提高其结实率和幼苗的数量。

生境　　　　花枝

34 柳叶豆梨 Pyrus calleryana Decne. f. lanceolata Rehd.

【科属】蔷薇科 Rosaceae，梨属 Pyrus

【形态概要】落叶小乔木，高 5～8 m；小枝粗壮，圆柱形，幼嫩时有绒毛，不久脱落，2 年生枝灰褐色。叶片卵状披针形或长圆披针形，长 4～8 cm，宽 2～3 cm，先端渐尖，稀短尖，基部圆形至宽楔形，边缘有浅钝锯齿或近全缘，两面无毛；叶柄长 2～4 cm，无毛，托叶叶质，线状披针形，无毛。伞形总状花序，具花 6～12 朵，直径 4～6 cm，总花梗和花梗均无毛，花梗长 1.5～3 cm；花直径 2～2.5 cm；萼筒无毛；萼片披针形，外面无毛，内面具绒毛；花瓣卵形，长约 13 mm，宽约 10 mm，基部具短爪，白色；雄

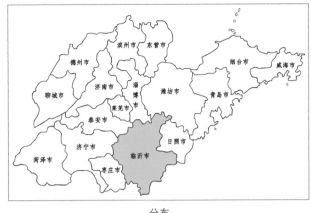

分布

蕊 20，稍短于花瓣；花柱 2，稀 3，基部无毛。梨果球形，直径 0.8～1 cm，深褐色，有斑点，萼片脱落，2（3）室。花期 4 月；果期 8～9 月。

【生境分布】分布于临沂（蒙山），生于海拔 200 m 左右的路边、沟边灌丛中。

【保护价值】柳叶豆梨可作栽培梨树的砧木。木材致密，可作器具。

【致危分析】柳叶豆梨为山东省珍贵稀有树种，仅产于蒙山，数量很少，目前仅发现 3 株，影响了其种群繁衍。

【保护措施】就地保护，严格保护现有资源；加强人工繁育研究，可采用嫁接等繁殖方式，在植物园、资源圃中进行迁地保护。

植株

幼果枝

果枝

35　裂叶水榆花楸 *Sorbus alnifolia* var. *lobulata* Rehd.

【科属】蔷薇科 Rosaceae，花楸属 *Sorbus*

【形态概要】落叶乔木，高达 15 m；小枝圆柱形，具灰白色皮孔，幼时微具柔毛，2 年生枝暗红褐色；冬芽卵形，先端急尖。叶片卵圆形、至椭圆卵形至菱形，长 5～10 cm，宽 3～6 cm，边缘羽状浅裂，裂片有重锯齿；先端渐尖，基部宽楔形至圆形，幼时两面被毛，后渐脱落，侧脉 6～10 对，直达叶边齿尖；叶柄长 1.5～3 cm，幼时有柔毛。复伞房花序较疏松，具花 6～25 朵，总花梗和花梗具稀疏柔毛；花梗长 6～12 mm；花直径 10～15 mm；萼筒钟状，外面无毛或有疏柔毛，内面近无毛；萼片三角

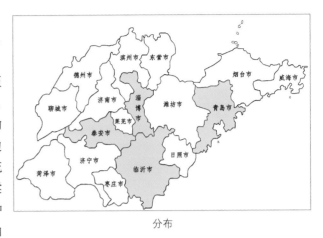

分布

形，先端急尖，内面密被白色绒毛；花瓣近圆形，长 5～7 mm，先端圆钝，白色；花柱 2，基部或中部以下合生，光滑无毛，短于雄蕊。果实椭圆形或卵形，直径 7～10 mm，长 10～13 mm，成熟时红色。花期 5 月；果期 9～10 月。

【生境分布】分布于青岛（崂山）、临沂（蒙山）、泰安（泰山）、淄博（鲁山），生于海拔 700～900 m 的山坡、山沟或山顶混交林中，在崂山分布可低至海拔 200 m。

【保护价值】裂叶水榆花楸为中国稀有植物，仅产于山东和辽宁，在山东呈零星分布。树冠圆锥形，秋叶红艳，为美丽观赏树。木材供作器具、车辆及模型用，树皮可作染料，纤维供造纸原料。

【致危分析】裂叶水榆花楸为一稀有植物，在分布区内散生，目前繁衍正常。

【保护措施】就地保护，加强对其生境的保护。加强对其繁殖、种子扩散等研究，提高种群数量。

枝叶　　叶片　　花枝

花序　　果枝

36 小米空木 *Stephanandra incisa*（Thunb.）Zabel

【别名】小野珠兰

【科属】蔷薇科 Rosaceae，小米空木属 *Stephanandra*

【形态概要】落叶灌木，高达 2.5 m；小枝细弱，微被柔毛。叶片卵形至三角卵形，长 2～4 cm，宽 1.5～2.5 cm，先端渐尖或尾尖，基部心形或截形，边缘常深裂，有 4～5 对裂片及重锯齿，上面具稀疏柔毛，下面微被柔毛沿叶脉较密，侧脉 5～7 对；叶柄长 3～8 mm，被柔毛；托叶卵状披针形至长椭圆形，微有锯齿及睫毛，长约 5 mm。顶生疏松的圆锥花序，长 2～6 cm，具花多朵，花梗长 5～8 mm，总花梗与花梗均被柔毛；花直径约 5 mm；萼筒浅杯状，两面微

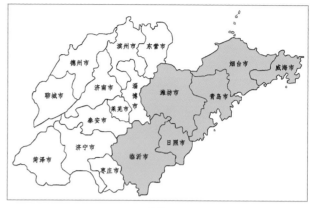

分布

被柔毛；萼片三角形至长圆形，先端钝，边缘有细锯齿，长约 2 mm；花瓣倒卵形，先端钝，白色；雄蕊 10，短于花瓣，着生在萼筒边缘；心皮 1，花柱顶生，直立，子房被柔毛。蓇葖果近球形，直径 2～3 mm，外被柔毛，具宿存直立或开展的萼片。花期 5～6 月；果期 8～9 月。

【生境分布】分布于青岛（崂山）、烟台（昆嵛山）、临沂（蒙山）、威海、潍坊（沂山）、日照等地，生于山坡或沟边。

【保护价值】小米空木间断分布于辽宁、山东和台湾，为间断分布的典型种，对于研究植物区系具有重要的科研价值。也可栽培观赏，还是优良的蜜源植物。

【致危分析】繁衍正常，分布较多，但随着旅游开发，其生境遭受一定程度的破坏，对种群更新具有影响，也易遭受放牧、旅游开发等人为干扰。

【保护措施】就地保护。加强天然林分中不同环境下小米空木生物学、生态学等方面的研究。

生境

植株

枝叶

花枝

果实

37 竹叶椒 Zanthoxylum armatum Candolle

【科属】芸香科 Rutaceae，花椒属 Zanthoxylum

【形态概要】半常绿或落叶灌木或小乔木，高 2～5 m；茎枝多锐刺，刺基部宽而扁，小枝上的刺劲直，嫩枝无毛。羽状复叶，小叶 3～9，稀 11 片，叶轴有绿色叶状的翼；小叶对生，通常披针形，长 3～12 cm，宽 1～3 cm，两端尖，或为椭圆形，有时卵形，中脉上常有小刺，背面基部中脉两侧有丛状柔毛，叶缘有疏齿或近于全缘，齿缝处或沿小叶边缘有油点；小叶柄甚短或无柄。花序近腋生或同时生于侧枝之顶，长 2～5 cm，有花 30 朵以内，花序轴无毛；花被片 6～8 片，形状与大小几乎相同，长约 1.5 mm；雄花的雄蕊 5～6 枚，不

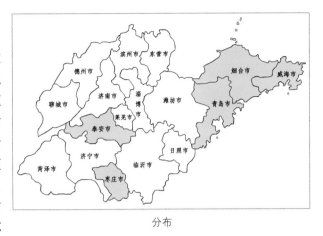

分布

育雌蕊垫状凸起，顶端 2～3 浅裂；雌花有心皮 3～2 个，花柱斜向背弯，不育雄蕊短线状。果紫红色，有微凸起少数油点，单个分果瓣径 4～5 mm；种子径 3～4 mm，褐黑色。花期 4～5 月；果期 8～10 月。

【生境分布】分布于鲁中南及胶东丘陵，见于枣庄（抱犊崮）、泰安（泰山）、青岛（崂山）、烟台、威海等地，生于低海拔的林缘、灌丛，多见于阳坡。

【保护价值】叶和果皮含挥发油，果用作食物的调味料及防腐剂，根、茎、叶、果及种子均用作草药，祛风散寒，行气止痛，治风湿性关节炎、牙痛、跌打肿痛，又用作驱虫及醉鱼剂。

【致危分析】竹叶椒在山东零星分布，数量较少，易在森林抚育过程中被清理，也因樵采被破坏。

【保护措施】对现有植株就地保护，加强宣传，防止人为干扰和破坏。

38 多花泡花树 Meliosma myriantha Sieb. & Zucc.

【别名】山东泡花树

【科属】清风藤科 Sabiaceae，泡花树属 Meliosma

【形态概要】落叶乔木，高达 20 m；树皮灰褐色，小块状脱落；幼枝及叶柄被褐色平伏柔毛。单叶互生，膜质或薄纸质，倒卵状椭圆形、倒卵状长圆形，长 8～30 cm，宽 4～12 cm，先端锐渐尖，基部圆钝，叶缘具刺状锯齿，幼叶上面被毛，后无毛，下面被疏柔毛；侧脉 20～27 条，直达齿端，脉腋有髯毛；叶柄长 1～2 cm。圆锥花序顶生，被柔毛，分枝细长；花黄色，直径约 3 mm，具短梗；萼片 5 或 4 片，卵形或宽卵形，长约 1 mm，顶端圆，有缘毛；

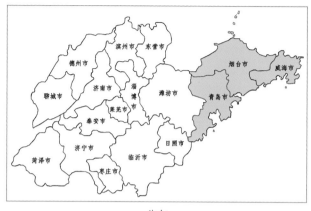

分布

花瓣 5 枚，等长，外面 3 片近圆形，宽约 1.5 mm，内面 2 枚披针形；雄蕊 5，2 枚发育；雌蕊长约 2 mm，子房无毛。核果倒卵形或球形，直径 4～5 mm。花期 5～6 月；果期 8～9 月。

【生境分布】分布于青岛（崂山）、烟台（昆嵛山、招虎山）、威海等胶东沿海地区的部分山地。生于海拔 100～600 m 的山地阴坡中上部或山沟阴湿处落叶阔叶林。

【保护价值】多花泡花树为中国稀有树种，分布范围狭窄，仅产于河南、江苏北部和山东。在山东野生资源量稀少，已处于濒危状态。树冠开展，圆锥花序较大，果红色美观，是很好的观赏树种。

【致危分析】多花泡花树为稀有树种，分布地点多位于旅游区，受到旅游资源开发和游人活动的影响。

【保护措施】就地保护，对现有的几个分布点加强保护，禁止人为破坏，防止数量进一步减少。进行人工繁殖技术研究，迁地保护，通过人工栽培，用于补充和恢复野生种群。

植株

群落

果枝

39　泰山柳 Salix taishanensis C. Wang & C. F. Fang

【科属】杨柳科 Salicaceae，柳属 Salix

【形态概要】落叶灌木，高 1 m 以上。幼枝褐红色，在干标本中呈红黑色；2 年生枝微被白粉。叶卵形，长约 3.5 cm，宽约 2 cm，先端钝或急尖，基部微心形至圆形，上面绿色，幼叶有短柔毛，中脉明显，有短柔毛，下面灰绿色，无毛，低出叶下面有丝状长毛，全缘；叶柄长 5～7 mm。花与叶同时开放。雄花序长 3～4 cm，粗 0.8～1 cm，近无梗，花序轴被微柔毛，雄蕊 2，离生，花药红色，球状，花丝基部具柔毛，腹腺 1；苞片椭圆形，黄绿色或先端褐色，两面被长毛。雌花序无梗，长 1～2 cm，粗约 4 mm；子房

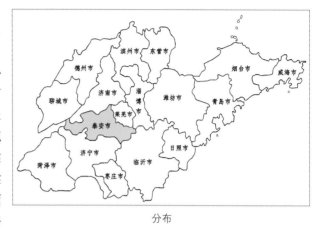

分布

卵状圆锥形，长约 2 mm，被灰色柔毛，花柱明显，长约 0.5 mm，2 深裂，有子房柄，长 0.4 mm；苞片椭圆形，长约 1 mm，黄绿色，两面密被白色长毛；仅有 1 腹腺，圆柱形，与子房柄几等长。花期 5 月；果期 5～6 月。

【生境分布】分布于泰安（泰山），生于海拔 1400～1500 m 的阴坡沟谷及灌丛中。模式标本采自泰山。

【保护价值】泰山为泰山柳的模式产地和主要分布点，但资源量较少，具有重要的科研价值；可栽培观赏。

【致危分析】泰山柳为山东省珍贵稀有树种，仅分布于泰山山顶，生长势衰弱，而且分布地处于旅游热点地区，常受到旅游干扰。

【保护措施】就地保护，在泰山后石坞一带划定自然保护点，加强对其生境的保护，加大宣传教育和管理力度；加强人工繁育研究，迁地保存。

植株

枝叶

果枝

雌花序

40　光萼溲疏 Deutzia glabrata Komarov

【别名】崂山溲疏、无毛溲疏、光叶溲疏

【科属】虎耳草科 Saxifragaceae，溲疏属 Deutzia

【形态概要】落叶灌木，高约 3 m；老枝表皮常脱落；花枝长 6～8 cm，常具 4～6 叶，红褐色，无毛。叶薄纸质，卵形或卵状披针形，长 5～10 cm，宽 2～4 cm，先端渐尖，基部阔楔形或近圆形，边缘具细锯齿，上面无毛或疏被 3～4（5）辐线星状毛，下面无毛；侧脉每边 3～4 条；叶柄长 2～4 mm，花枝上叶近无柄或叶柄长 1～2 mm。伞房花序直径 3～8 cm，有花 5～20（30）朵，花序轴无毛；花冠直径 1～1.2 cm；花梗长 10～15 mm；萼筒杯状，高约 2.5 mm，直径约 3 mm，

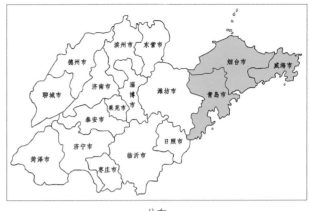

分布

无毛；裂片卵状三角形，长约 1 mm；花瓣白色，圆形或阔倒卵形，长约 6 mm，宽约 4 mm，先端圆，基部收狭，两面被细毛，花蕾时覆瓦状排列；雄蕊长 4～5 mm，花丝钻形，基部宽扁；花柱 3，约与雄蕊等长。蒴果球形，直径 4～5 mm，无毛。花期 5～6 月；果期 9～10 月。

【生境分布】分布于青岛、烟台、威海，主产于崂山，生于海拔 300～1000 m 的山地石隙间或山坡林下、沟谷灌丛中，多见于阴坡。

【保护价值】光萼溲疏为山东省珍贵稀有树种，具有重要的科研价值。花色洁白，花型雅致，花期正值少花的初夏时节，是优良的园林花灌木。

【致危分析】光萼溲疏分布区为旅游热点地区，其生境多为阴湿山沟、河谷，而风景区的游线，尤其近年登山爱好者自行开辟的道路一般多沿此类山沟、河谷，生境遭受破坏或者生境距离游线很近，人为干扰的程度增大；季节性的山洪对其生存有一定的威胁。自然状态下光萼溲疏结实率很高，种子极多，但群落中幼苗及幼株不多，可能与种子太小、幼苗细弱、土壤条件较差、自然环境恶劣等有关。

【保护措施】就地保护，特别是游线上的光萼溲疏，加强人为监管，避免游人在花季采摘；加强人工繁育研究，进行引种驯化研究，迁地保存。目前的研究表明光萼溲疏具有丰富的遗传多样性，反映在形态上，如花朵的大小、叶片大小、形状等差异明显，这为开发利用崂山溲疏野生资源，选育优良类型提供了基础。

植株　　　　　　　　　　　　　　　　花序局部

41 美丽茶藨子 Ribes pulchellum Turcz.

【别名】碟花茶藨子

【科属】虎耳草科 Saxifragaceae，茶藨子属 Ribes

【形态概要】落叶灌木，高 1～2.5 m。小枝具脱落性
短柔毛，每节具 2 刺，节间无刺或具稀疏细刺。单叶
互生，叶柄长（0.5）1～2 cm，被短柔毛，有时具短
柄腺，很少近无毛；叶片宽卵形，长（1）1.5～3 cm，
被短柔毛，很少近无毛，基部宽楔形或近截形至浅心
形；裂片 3（5）枚，边缘具粗钝或锐锯齿，有时具
重锯齿。雌雄异株，雄总状花序疏松，长 5～7 cm，
具 8～20 花，雌总状花序密集，长 2～3 cm，8～10
花或更多；花序轴和花梗被短柔毛或近无毛，疏生短

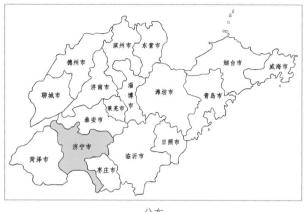

分布

腺毛；苞片披针形至狭椭圆形，长 3～4 mm，疏生短柔毛或短腺毛，具 1 脉。花梗 2～4 mm。花萼黄绿色至
浅褐色，无毛或近无毛；萼筒碟形，长 1.5～2 mm；裂片宽卵形，长 1.5～2 mm，长于花瓣。花瓣鳞片状，长
1～1.5 mm。雄蕊长于花瓣。子房近球形，无毛。花柱顶端 2 裂。果实红色，球形，直径 0.5～0.8 cm，无毛。
花期 5～6 月；果期 8～9 月。

【生境分布】分布于济宁（邹城），生于山顶岩石缝隙中。

【保护价值】美丽茶藨子为中生性灌木，为山地灌丛中的伴生植物，可栽培供观赏。果实可供食用，木材可
制作手杖等。

【致危分析】美丽茶藨子在山东分布区狭窄，仅产于邹城凤凰山，为稀有植物，资源量极少，不足 100 株；生
长状况较差，仅见于山顶贫瘠的岩石缝隙。旅游开发，游客增多，对美丽茶藨子的生存环境逐渐形成破坏。

【保护措施】在凤凰山山顶建立保护点，对该种进行就地保护；对该种进行引种栽培，扩大繁殖，以便达到
迁地保护。

42 毛萼野茉莉 Styrax japonicus var. calycothrix Gilg.

【科属】安息香科 Styracaceae，安息香属 Styrax

【形态概要】落叶灌木或小乔木，高 4～8 m；嫩枝稍扁，被淡黄色星状柔毛，后脱落。叶互生，纸质或近革质，椭圆形或长圆状椭圆形至卵状椭圆形，长 4～10 cm，宽 2～5（6）cm，顶端急尖或钝渐尖，基部楔形或宽楔形，近全缘或仅于上半部具疏离锯齿，上面叶脉疏被星状毛，下面主脉和侧脉汇合处有白色长髯毛，侧脉每边 5～7 条；叶柄长 5～10 mm，疏被星状短柔毛。总状花序顶生，有花 5～8 朵，长 5～8 cm；有时下部的花生于叶腋；花序梗无毛；花白色，长 2～2.8（3）cm，花梗纤细，开花时下垂，

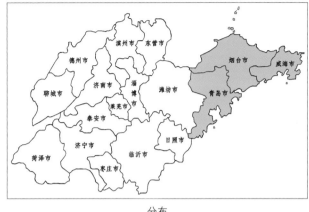

分布

疏被星状柔毛；花萼漏斗状，疏被星状柔毛，高 4～5 mm，宽 3～5 mm；花冠裂片卵形、倒卵形或椭圆形，长 1.6～2.5 mm，宽 5～7（9）mm，两面均被星状细柔毛，花冠管长 3～5 mm；花丝扁平，下部联合。果实卵形，长 8～14 mm，直径 8～10 mm，外面密被灰色星状绒毛；种子褐色。花期 4～5 月；果期 9～11 月。

【生境分布】分布于青岛（崂山）、烟台（昆嵛山）、威海（伟德山），生于阳坡低海拔林中，常与原变种混生。模式标本采自崂山。

【保护价值】毛萼野茉莉花美丽、芳香，可作庭园观赏植物；木材为散孔材，材质稍坚硬，可作细工用材；种子油可作肥皂或机器润滑油，油粕可作肥料。

【致危分析】毛萼野茉莉为稀有植物，仅分布于山东东部和贵州清镇，但在崂山等地繁衍正常，目前尚未发现人为干扰现象。

【保护措施】就地保护，加强对其生境的保护，加大宣传教育和管理力度。

生境

枝叶

果实

花枝

43　玉铃花 Styrax obassis Sieb. & Zucc.

【科属】安息香科 Styracaceae，安息香属 *Styrax*

【形态概要】落叶乔木或灌木，高 10～14 m；嫩枝略扁，被褐色星状长柔毛。叶纸质，生于小枝最上部的互生，宽椭圆形或近圆形，顶端急尖或渐尖，基部近圆形或宽楔形，边缘具粗锯齿，上面无毛或仅叶脉上疏被灰色星状柔毛，下面密被灰白色星状绒毛；每侧 5～8 条脉；叶柄被黄棕色星状长柔毛，基部膨大成鞘状包围冬芽，生于小枝最下部的两叶近对生，较小、椭圆形或卵形，顶端急尖，基部圆形；叶柄短，基部不膨大。花白色或粉红色，芳香，长 1.5～2 cm，总状花序顶生或腋生，长 6～15 cm，下部的花序常

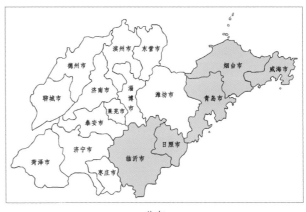

分布

生于叶腋，有花 10～20 朵，基部常 2～3 分枝，花序梗和花序轴近无毛；花梗密被灰黄色星状短绒毛，常稍向下弯；小苞片线形，早落；花萼杯状，外面密被灰黄色星状短绒毛，顶端有不规则 5～6 裂齿；萼齿三角形或披针形；花冠裂片膜质，椭圆形，外面密被白色星状短柔毛，花蕾时作覆瓦状排列，花冠管长约 4 mm，无毛；雄蕊较花冠裂片短，花丝扁平，上下近等宽，疏被星状柔毛或几无毛；花柱与花冠裂片近等长，无毛。果实卵形或近卵形，直径 10～15 mm，顶端具短尖头，密被黄褐色星状短绒毛；种子长圆形，暗褐色，近平滑，无毛。花期 4～5 月；果期 8～9 月。

【生境分布】分布于青岛（崂山）、临沂（蒙山）、日照（五莲山）、烟台（昆嵛山、鹊山）、威海（正棋山）等的山地，生于山坡、阴湿沟谷杂木林中，以湿润而肥沃、多岩石的棕壤生长较好。

【保护价值】玉铃花是本属植物分布至我国最北的一种，对研究该属植物的演化和山东植物区系有重要价值。材质坚硬，纹理致密；花美丽、芳香，有较高的观赏价值，还可提取芳香油；种子油可供制肥皂及润滑油；果实药用，有驱虫功能。

【致危分析】山东分布的玉玲花多呈零散分布，结实率较高，但其林下幼苗很少，结合种子萌发实验，可知其种子在正常情况下萌发率很低，这可能是其种群减少的主要原因之一。

【保护措施】在不同山系选择其种群较大，环境较好区域进行就地保护，禁止人为破坏，并适当地进行人工抚育，如提高种子发芽率、保护幼苗生长等，促进其繁殖和生长。

植株　　　　　　枝叶　　　　　　花序

果枝　　　　　　群落中的幼树

44 华山矾 Symplocos chinensis（Lour.）Druce

【科属】山矾科 Symplocaceae，山矾属 Symplocos

【形态概要】落叶灌木或小乔木，在崂山可高达 12 m；嫩枝、叶柄、叶背均被灰黄色皱曲柔毛。叶纸质，椭圆形或倒卵形，长 4～7（10）cm，宽 2～5 cm，先端急尖或短尖，有时圆，基部楔形或圆形，边缘有细尖锯齿，叶面有短柔毛；中脉在叶面凹下，侧脉每边 4～7 条。圆锥花序顶生或腋生，长 4～7 cm，花序轴、苞片、萼外面均密被灰黄色皱曲柔毛；苞片早落；花萼长 2～3 mm。裂片长圆形，长于萼筒；花冠白色，芳香，长约 4 mm，5 深裂几达基部；雄蕊 50～60 枚，花丝基部合生成五体雄蕊；花盘具 5

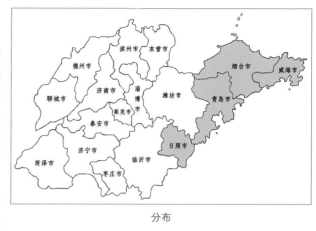

分布

凸起的腺点，无毛；子房 2 室。核果卵状圆球形，歪斜，长 5～7 mm，被紧贴的柔毛，熟时蓝色，宿萼裂片内伏。花期 4～5 月；果期 9～10 月。

【生境分布】分布于青岛（崂山、大珠山）、烟台（昆嵛山）、威海（乳山）、日照（五莲山）等地，生于海拔 500 m 以下的向阳山坡灌丛和杂木林中。

【保护价值】华山矾在山东为自然分布的北界，对于研究植物区系有一定价值。根药用治疟疾、急性肾炎；叶捣烂，外敷治疮疡、跌打；叶研成末，治烧伤烫伤及外伤出血；取叶鲜汁，冲酒内服治蛇伤；种子油制肥皂。也可供观赏，还是优良的蜜源植物。

【致危分析】华山矾为山东省珍贵稀有树种，分布区片段化，生境恶劣，种群繁衍困难；分布区受到农林生产、旅游等干扰，个体数量极少。

【保护措施】就地保护，加强对其生境的保护，还应保护其潜在分布区，加大宣传教育和管理力度，严禁采挖，开展繁育生物学研究，探求濒危机制。

植株

生于石缝的幼树

45　河朔荛花 Wikstroemia chamaedaphne (Bunge) Meisner

【**科属**】瑞香科 Thymelaeaceae，荛花属 *Wikstroemia*

【**形态概要**】落叶灌木，高约 1 m，分枝多而纤细，无毛；幼枝近四棱形，绿色，后变为褐色。叶对生，无毛，近革质，披针形，长 2.5～5.5 cm，宽 0.2～1 cm，先端尖，基部楔形，上面绿色，干后稍皱缩，下面灰绿色，光滑，侧脉每边 7～8 条，不明显；叶柄极短，近于无。花黄色，花序穗状或由穗状花序组成的圆锥花序，顶生或腋生，密被灰色短柔毛；花梗极短，具关节，花后残留；花萼长 8～10 mm，外面被灰色绢状短柔毛，裂片 4，2 大 2 小，卵形至长圆形，端圆，约等于花萼长的 1/3；雄蕊 8，2 列，着生于花

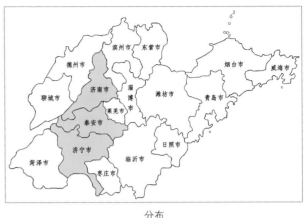

分布

萼筒的中部以上；花药长圆形，长约 1 mm，花丝短，近于无；子房棒状，具柄，顶部被短柔毛，花柱短，柱头圆珠形，顶基稍压扁，具乳突；花盘鳞片 1 枚，线状披针形，端钝，约长 0.8 mm。果卵形，干燥。花期 6～8 月；果期 9 月。

【**生境分布**】分布于济南（平阴）、泰安（肥城、东平）、济宁（梁山），生于海拔 500 m 以下的山坡及路旁。

【**保护价值**】河朔荛花适应性强，耐干旱瘠薄，是优良的水土保持植物，也可栽培观赏。纤维可造纸，制作人造棉，茎叶可作土农药毒杀害虫。

【**致危分析**】河朔荛花为山东省珍贵稀有树种，数量较少，主要分布于低海拔地区，其生境分布区常因开荒等农业生产活动而受到破坏。

【**保护措施**】就地保护，加强对其生境的保护，开展繁育生物学研究，探求濒危机制。

植株

花枝

46 刺榆 Hemiptelea davidii（Hance）Planch.

【科属】榆科 Ulmaceae，刺榆属 Hemiptelea

【形态概要】落叶小乔木或灌木状，高 4～8 m；树皮暗灰色，不规则条状深裂；小枝坚硬，灰褐色或紫褐色，被疏柔毛，具粗而硬的棘刺；刺长 2～10 cm；冬芽常 3 个聚生，卵圆形。叶椭圆形或长椭圆形、倒卵状椭圆形，长 4～7 cm，宽 1.5～3 cm，先端钝尖，基部浅心形或圆形，边缘具单锯齿，羽状脉 10～20对，侧脉斜出直至齿尖；叶面幼时被毛，后脱落残留有稍隆起的圆点，叶背无毛或脉上有稀疏柔毛；叶柄长 3～5 mm，密生短柔毛；托叶矩圆形或披针形。花杂性同株，1～4 朵生于新枝基部叶腋，萼片

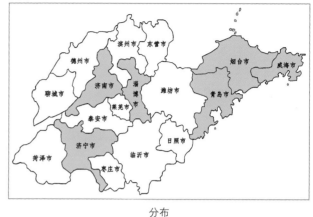

分布

4～5 裂，宿存，雄蕊 4～5，与萼片对生，雌蕊歪生。小坚果斜卵圆形，两侧扁，长 5～7 mm，上半部有鸡头状的狭翅，翅端渐狭呈喙状。花期 4～5 月；果期 9～10 月。

【生境分布】分布于济南、青岛（崂山）、淄博、烟台（昆嵛山）、威海、济宁（曲阜）等地，生于海拔 800 m以下的山坡、山脊或海边山坡上。

【保护价值】刺榆是榆科单种属植物，仅中国和朝鲜有分布，对研究榆科植物的系统演化有重要意义。材质坚硬致密，是制作器具的优质木材；树皮纤维可作人造棉、绳索的原料；嫩叶可作饮料；因树枝有棘刺，生长速度较快，常成灌木状，也是优良的绿篱树种。

【致危分析】刺榆在山东一般成片集中分布，自我更新良好，其数量减少主要是人为干扰，如旅游开发、修路、垦荒使其栖息地消失或缩小，分布面积不断减小。

【保护措施】采取就地保护，对现有的分布点进行保护，禁止人为破坏，加强人工抚育管理。

群落

植株及枝刺

生叶的枝刺

花枝

果枝

47 旱榆 Ulmus glaucescens Franchet

【**科属**】榆科 Ulmaceae，榆属 *Ulmus*

【**形态概要**】落叶乔木或灌木，高达 18 m，树皮浅纵裂；幼枝多少被毛，小枝无木栓翅；冬芽卵圆形或近球形。叶卵形、菱状卵形、椭圆形、长卵形或椭圆状披针形，长 2.5～5 cm，宽 1～2.5 cm，先端渐尖至尾状渐尖，基部偏斜，楔形或圆，两面光滑无毛，稀叶背有极短之毛，脉腋无簇生毛，边缘具钝而整齐的单锯齿或近单锯齿，侧脉每边 6～12（14）条；叶柄长 5～8 mm，上面被短柔毛。花自混合芽抽出，散生于新枝基部或近基部，或自花芽抽出，3～5 数在去年生枝上呈簇生状。翅果椭圆形或

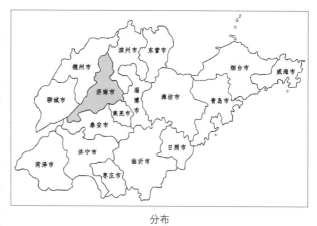

分布

宽椭圆形，稀倒卵形、长圆形或近圆形，长 2～2.5 cm，宽 1.5～2 cm，除顶端缺口柱头面有毛外，余处无毛，果翅较厚，果核部分较两侧之翅内宽，位于翅果中上部，上端接近或微接近缺口，宿存花被钟形，无毛，上端 4 浅裂，裂片边缘有毛，果梗长 2～4 mm，密被短毛。花果期 3～5 月。

【**生境分布**】分布于济南（千佛山、莲台山、五峰山），生于海拔 500 m 以下的石灰岩山地。

【**保护价值**】旱榆为山东省珍贵稀有树种，仅产于济南南部石灰岩山地，耐干旱瘠薄，是优良的荒山造林及防护林树种。木材坚实、耐用，可用器具、农具、家具等用材。

【**致危分析**】由于旅游开发使其分布区片段化，种群繁衍受到影响。

【**保护措施**】就地保护，加强对其生境的保护，加大宣传教育和管理力度，加强对其种子扩散等机制的研究。加强人工繁育研究，迁地保存。

植株

48　单叶蔓荆 *Vitex rotundifolia* Linn. f.

【科属】马鞭草科 Verbenaceae，牡荆属 *Vitex*

【形态概要】落叶灌木，全株被灰白色短柔毛。茎匍匐，节处常生不定根。幼枝四棱形，浅紫色；老枝渐变圆。单叶对生，叶片倒卵形或近圆形、椭圆形，上面灰绿色，下面灰白色，两面密被灰白色柔毛，顶端钝圆或有短尖头，基部楔形，全缘，长2.5～5 cm，宽1.5～3 cm，不具托叶，有短柄。穗状花序顶生，花序梗密被灰白色绒毛；花萼钟状，顶端5裂，外被绒毛；花冠淡紫色，2唇形，先端5裂，长1～1.5 cm；雄蕊4，伸出花冠外；雌蕊由2个心皮结合而成，子房上位，球形，密生腺点。

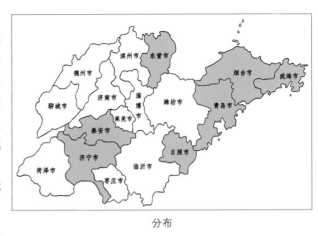

分布

核果圆形，成熟时黑色，有宿存萼，外被灰白色绒毛。花期7～8月；果期9～10月。

【生境分布】分布于青岛、日照、烟台、威海等沿海地区，济宁（汶上）、泰安及黄河三角洲偶见生长，主产于胶东沿海；生于海边、沙滩及内陆河流两岸的沙地。

【保护价值】单叶蔓荆对于沿海沙地和盐碱地的生态防护具有重要价值；也为重要的药用植物，叶、果均可入药，又可提取芳香油。干燥成熟果实供药用，能疏散风热，治头痛眩晕目痛等。

【致危分析】单叶蔓荆一旦形成群落，生长速度快，繁殖能力强，结实率高，因此，采集果实对其生存影响不大。造成其大面积减小的原因主要是其生境被破坏或利用，尤其是沿海开发，建养殖场、码头，挖养殖池，修路和建海景住宅区及采沙等，成片的单叶蔓荆被清除。当其数量减少成零散生长时，出现生长不良，结实率降低或不结实现象。

【保护措施】单叶蔓荆虽然分布范围广，但近年来随着海岸带开发和经济发展破坏严重。应加强现有海岸环境保护区的管理，严格限制更改土地使用属性，禁止人为破坏。

生境及群落

群落

植株

果实

花枝

49 槲寄生 Viscum coloratum (Kom.) Nakai

【科属】槲寄生科 Viscaceae，槲寄生属 Viscum

【形态概要】常绿灌木，全体无毛。茎、枝均圆柱状，枝黄绿色，2～5叉状分枝，圆柱形，节稍膨大，节间长7～12 cm。单叶，对生于枝端，无柄；叶片厚革质或革质，长椭圆形至椭圆状披针形，长3～7 cm，宽0.7～1.5 cm，先端圆钝，基部渐狭，基出掌状脉3～5；叶柄短。花单性，雌雄异株；花序顶生或腋生于茎分叉处；雄花序聚伞状，花序梗几无或长达5 mm，总苞舟形，长5～7 mm，通常有花3朵，中央的花有2苞片或无，雄花花萼裂片4，卵形，雄蕊4，着生于花萼裂片上；雌花序聚伞式穗状，花序梗长

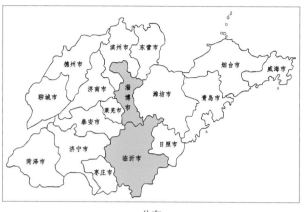

分布

2～3 mm，或近无，有花3～5朵，雌花花萼裂片4，雌蕊1，子房下位，柱头头状。浆果球形，直径6～8 mm，淡黄色、红色或橙红色，外果皮平滑，中果皮富含黏胶质。花期4～5月；果期9～10月。

【生境分布】分布于淄博（鲁山）、临沂（蒙山）等山区；寄生于栎类、榆树、柳树、栗树、杏、枫杨等树上。

【保护价值】全株药用，即中药材槲寄生正品，有补肝肾、除风湿、强筋骨、安胎、下乳、降血压的功效。

【致危分析】槲寄生是山东省珍贵稀有树种，分布范围狭窄，数量少，且因寄生在其他树木上，容易被农民清除。

【保护措施】就地保护，适当帮助其扩大寄主种类和数量，建立良好的种间和种内生态关系，利于其生长和天然更新。

果枝

生境

植珠局部

植株

50 小果白刺 Nitraria sibirica Pallas

【科属】蒺藜科 Zygophyllaceae，白刺属 Nitraria

【形态概要】落叶灌木，高 0.5～1.5 m，多分枝，枝铺散，少直立。小枝灰白色，不孕枝先端刺针状。叶近无柄，在嫩枝上 4～6 片簇生，倒披针形，长 6～15 mm，宽 2～5 mm，先端锐尖或钝，基部渐窄成楔形，无毛或幼时被柔毛。聚伞花序长 1～3 cm，被疏柔毛；萼片 5，绿色，花瓣黄绿色或近白色，矩圆形，长 2～3 mm。果椭圆形或近球形，两端钝圆，长 6～8 mm，熟时暗红色，果汁暗蓝色，带紫色，味甜而微咸；果核卵形，先端尖，长 4～5 mm。花期 5～6 月；果期 7～8 月。

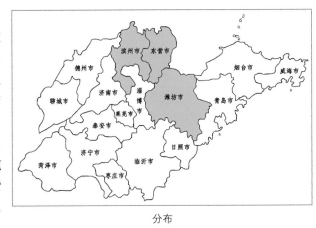

分布

【生境分布】分布于潍坊（寿光）、东营、滨州等地，胶东沿海偶有生长；生于盐碱地和盐渍化沙地。国内分布于西北部至北部各省区。蒙古、俄罗斯亦有分布。

【保护价值】喜生于盐碱地，耐干旱，为重要的防风固沙植物。果实药用；果味酸甜可食，能酿酒、制作饮料，鲜果可制糖；果核可榨油食用及代粮；枝、叶、果可做饲料。

【致危分析】小果白刺是山东省珍贵稀有树种，分布范围狭窄，数量少，生境在历史上经常受到人为干扰，过去常被村民作为冬季烧火用的材料，近年来主要受大规模开发的影响，如其主要分布区黄河三角洲地区大规模农场、企业的开发，另外放牧也有一定影响。

【保护措施】就地保护；开展繁殖生物学研究，扩大其种群数量。枝条经沙埋后，只要水分条件适宜，即能生根发芽，人工压条、插枝均有良好的繁殖效果。

果枝

群落

植株

参 考 文 献

陈汉斌，郑亦津，李法曾. 1992. 山东植物志（上卷）. 青岛：青岛出版社

陈汉斌，郑亦津，李法曾. 1997. 山东植物志（下卷）. 青岛：青岛出版社

傅立国. 1989. 中国珍稀濒危植物. 上海：上海教育出版社

傅立国，金鉴明. 1992. 中国植物红皮书. 北京：科学出版社

李法曾. 2004. 山东植物精要. 北京：科学出版社

李法曾，陈锡典. 1984. 山东花楸属一新种. 植物研究，4（2）：159-161

李法曾，彭卫东. 1986. 山东山楂属一新种. 植物研究，6（4）：149-151

李兴文，朱英群. 1993. 山东新植物. 植物研究，13（1）：57-61

梁书宾. 1985. 山东椴属二新种. 植物研究，5（1）：145-149

梁书宾. 1988. 山东柳属一新变种. 植物研究，8（2）：63-65

梁书宾. 1990. 山东花楸属一新变种. 植物研究，10（3）：69-70

梁书宾，李兴文. 1986. 山东杨属一新种. 植物研究，6（2）：135-137

梁书宾，赵法珠. 1991. 山东鹅耳枥属一新种. 植物研究，11（2）：33-34

林秉南，王苏文. 1994. 中国黄荆属一新种. 广西植物，14（3）：209-210

汪松，解焱. 2004. 中国物种红色名录（第1卷）. 北京：高等教育出版社

王仁卿，张昭洁. 1993. 山东稀有濒危保护植物. 济南：山东大学出版社

魏士贤. 1984. 山东树木志. 济南：山东科技出版社

吴征镒. 1980. 中国植被. 北京：科学出版社

臧德奎. 1994. 山东特有植物的研究. 植物研究，14（1）：48-58

臧德奎. 1999. 鼠李属一新种. 植物研究，19（4）：371-373

臧德奎，黄鹏成. 1992. 山东蔷薇科新分类群. 植物研究，12（4）：321-323

臧德奎，孙居文. 2009. 单叶黄荆的分类学修订. 武汉植物学研究，27（1）：22

臧德奎，解孝满，李文清. 2013. 山东植物区系新记录. 南京林业大学学报，37（4）：165-166

中国科学院中国植物志编委会. 1961-2002. 中国植物志. 北京：科学出版社

中国科学院中国自然地理编委会. 1985. 中国自然地理—植物地理（上册）. 北京：科学出版社

中华人民共和国林业部. 1992. 国家珍贵树种名录（第1批）.

中华人民共和国林业局. 1999. 国家重点保护野生植物名录（第1批）（1999年8月4日国务院批准，国家林业局、农业部第4号令发布）

Qin H N. 2010. China Checklist of Higher Plants, In the Biodiversity Committee of Chinese Academy of Sciences ed., Catalogue of Life China: 2010Annual Checklist China. CD-ROM; Species 2000 China Node, Beijing, China

Wu Z Y, Raven P H, Hong D Y. 1994-2012. Flora of China. Beijing: Science Press & St. Louis: Missouri Botanical Garden Press

中文名索引

学 名 索 引